努力到无能为力，拼搏到感动自己

◇ 汪华生 / 著

Efforts
To Do
Everything Until

Move Yourself

民主与建设出版社

图书在版编目（CIP）数据

努力到无能为力，拼搏到感动自己 / 汪华生著 . ——
北京：民主与建设出版社，2017.9

ISBN 978-7-5139-0792-7

Ⅰ . ①努…　Ⅱ . ①汪…　Ⅲ . ①成功心理—通俗读物
Ⅳ . ① B848.4-49

中国版本图书馆 CIP 数据核字（2015）第 231402 号

© 民主与建设出版社，2017

努力到无能为力，拼搏到感动自己
NULI DAO WUNENG WEILI, PINBO DAO GANDONG ZIJI

出 版 人	许久文
著　　者	汪华生
责任编辑	李保华
封面设计	王玉美
出版发行	民主与建设出版社有限责任公司
电　　话	（010）59417747　59419778
社　　址	北京市海淀区西三环中路 10 号望海楼 E 座 7 层
邮　　编	100142
印　　刷	三河市天润建兴印务有限公司
版　　次	2017 年 9 月第 1 版　2017 年 9 月第 1 次印刷
开　　本	710 mm × 1000 mm　1/16
印　　张	17
字　　数	216 千字
书　　号	ISBN 978-7-5139-0792-7
定　　价	39.80 元

注：如有印、装质量问题，请与出版社联系。

序言

努力到无能为力，拼搏到感动自己

在人生的漫长旅途中，我们不知道会碰到多少绊脚石和拦路虎。但是在所有的敌人中，我们最难战胜的就是自己。拿破仑曾经说过："我是我自己最大的敌人，也是我不幸命运的制造者。"

很多人都想改变现状，想做出一番事业，可往往是有了想法之后却总瞻前顾后，前怕狼后怕虎，犹豫不决，最后导致想法胎死腹中，到头来一无所有，两手空空。

想要获得成功，光有梦想是行不通的，还需要付出切实的努力和奋斗。西班牙作家塞万提斯曾经说过："努力是成功之母。"事实的确如此，世界上没有一蹴而就的成功，只有肯下功夫，坚持不懈，反复实践，才有可能获得成功。

伟人毛泽东曾经撰写过这样一副对联："贵有恒，何必三更起五更眠;最无益，只怕一日曝十日寒。"无论做什么事，只要抱着拼搏到底，不抛弃、不放弃的精神，再难办的事也会迎刃而解。

有许多人都问成功学专家陈安之："陈老师，你是怎样成为成功学专家的？"他回答说："因为我失败的次数、摸索的机会比你多，我尝试错误的方法比你多，所以，我找到了一些成功的窍门。你就是因为失败的次数还不够多，所以还没有办法知道成功的秘诀。"

大发明家爱迪生曾经尝试用1200种不同的材料做白炽灯泡的灯丝，都没有成功。有人批评他："你已经失败了1200次了。"可是爱迪生不这么认为，他充满自信地说："我的成功就在于发现了1200种材料不适合做灯丝。"

美国职业篮球运动员科比长期坚持早晨四点起床练球，每天都要投进一千个球才算结束。因此，当有记者问科比为什么能那么成功时，科比反问道："你知道洛杉矶早晨四点的样子吗？"记者摇头。"我知道每天洛杉矶早晨四点的样子。"科比说。

松下幸之助年轻的时候家境贫寒，为了养家糊口，他到一家大电器公司求职。矮小瘦弱，穿着又破又脏的他被公司的人事部门主管谢绝了："我们现在暂时不缺人，你一个月以后再来看看吧。"

本来是推托之辞，可一个月后他真的来了，那位负责人又推托说有事，过几天再说。隔了几天他又来了，如此反复了多次，主管只好直接说出了真话："你这么脏是进不了我们公司的。"于是他立即回去借钱买了一身整齐的衣服穿上再来。负责人看他如此实在，只好告诉他："关于电器方面的知识，你知道得太少了，我们不能要你。"

不料两个月后，他再次出现在人事主管面前："我已经学会了不少有关电器方面的知识，您看我哪方面还有差距，我一项项弥补。"这位人事主管盯着态度诚恳的他看了半天，才说："我干这一行几十年了，还从未遇到像你这样来找工作的，我真佩服你的耐心和韧性。"

结果，他的毅力终于打动了这位人事主管的心。他终于如愿以偿地进入那家公司工作。

生活就像一杯茶，它不会苦一辈子，但总会苦一阵子。20多岁的年轻人，正是搭建自己人生舞台的时候，这时候多吃点苦，总好过年老了受罪。美国电影《肖申克的救赎》中有一句话："要么忙着活，要么忙着死。"不同的生存法则铸造了不同的命运，当你用积极主动的生存法则去生活的时候，你的人生会变得更美好。反之，当你甘于平庸地活着，那么你的人生自然就会黯淡无光。

"努力到无能为力，拼搏到感动自己"这句话最早出自智立方集团的董事长兼CEO杨石头，随即迅速成为了很多不甘平庸的人士挂在嘴边的话。天下没有免费的午餐，要想拥抱成功，就必须付出比别人多几倍的辛勤和汗水。然而，在困难和失败这两座大山面前，很多人都低下了自己的头颅，只有少数不甘心失败者，才能忍受常人不能忍受的挫折，奋力拼搏，创造辉煌。

本书由十个篇章构成，内容着重分析和阐述了走向成功的方法和途径，涵盖了摆脱抱怨、改变思维、努力奋斗、推销自我、人脉经营、个人品德修养等多方面的内容。你可以从头到尾完整地读完本书，也可以从某些章节、某些感兴趣的地方开始读。读完之后，确保能让你走出成功的误区，教会你应对险恶的生存环境和复杂的人际关系，从而在个人生活和事业生涯中获得成功。

目录 CONTENTS

第九章 你可以失去金钱，却不能失去人脉

第十章 品格，垒筑一生做人的资本

第一章
停止抱怨，让成功来敲门

西方有句谚语，"无能的水手抱怨风向"。同理，无能的领导抱怨员工，无能的员工抱怨领导，无能的老师抱怨学生，无能的学生抱怨老师……在我们的工作中，头号的"绩效杀手"就是抱怨。

与其抱怨黑暗，不如点亮蜡烛

"我为什么不是百万富翁的后代啊？"

"我怎么选择了这样一个破专业啊？"

"我怎么遇上了这样的一个老板啊？"

"一个人当两个人用，怎么不发两倍的工资？"

"这个领导这样吩咐，那个领导又那样吩咐，要么没人管，要么人人都来管，真不知道到底是要听谁的才好！"

在我们的生活、工作中，这样的抱怨每时每刻都能听到。抱怨可以说是一种另类的"自卫"，当人们一旦遇到不公平的待遇时，首先想的就是反抗，一旦反抗不了，就难免会发出不平之鸣，企图引起别人的注意和同情。然而，抱怨是毫无益处的，抱怨只会给我们的生活和工作增添麻烦，而不会让我们的麻烦减少。

马克·吐温说："每个人都在谈论天气，但却没有一个人会对天气做什么。"这话真是精辟，虽然明明知道抱怨解决不了问题，可人人却还是有这股冲动。

关于抱怨，马云的话很经典："人是退化最严重的动物。跟兽比，人很弱肢；和狗比，人很闻盲；但人类'进化'了抱怨。偶尔为之无大碍，但当抱怨成了习惯，就如同喝海水，喝得越多，渴得越厉害。最后，发现走在成功路上的都是些不抱怨的'傻子们'。世界不会记得你说了什么，但一定不会忘记你做了什么！"

"烦死了，烦死了！"一大早就听到杨桦在不停地抱怨。

杨桦是公司的行政助理，事务繁杂，可以说是"日理万机"，公司的大事小情都要找她。

其实，杨桦性格开朗，工作起来认真负责，虽说牢骚满腹，该做的事情，一点也不曾怠慢。设备维护、办公用品购买、交通讯费、买机票、订客房……杨桦整天忙得晕头转向。

刚交完电话费，财务部的张迪来领胶水，杨桦不高兴地说："昨天不是刚来过吗？怎么就你事情多，今儿这个、明儿那个的？"抽屉开得噼里啪啦，翻出一个胶棒，往桌子上一扔，"以后东西一起领！"张迪站在一旁，又不好说什么，忙赔笑脸："你看你，每次找人家报销都叫亲爱的，一有点事求你，脸马上就长了。"

大家正笑着呢，销售部的萧晨风风火火地冲进来，原来复印机卡纸了。杨桦脸上立刻晴转多云，不耐烦地挥挥手："知道了。烦死了！和你说一百遍了，先填保修单。"单子一甩，"填一下，我去看看。"杨桦边往外走边嘟囔："综合部的人都死光了，什么事情都找我！"对桌的王峰气坏了："这叫什么话啊？我招你惹你了？"

态度虽然不好，可整个公司的正常运转真是离不开杨桦。虽然有时候被她抢白得下不来台，也没有人说什么。可是，那些"讨厌""就你事情多""不是说过了吗"实在是让人不舒服。特别是同办公室的人，杨桦一叫，他们头都大了。

年末的时候公司选举先进工作者，大家虽然都觉得这种活动老套，暗地里却都希望自己能榜上有名。奖金倒是小事，谁不希望自己的工作得到肯定呢？领导们认为先进非杨桦莫属，可一看投票结果，50多份选票，杨桦只得了5张。

杨桦很委屈："我起得比鸡早，干的比牛多，却没人看得见……"

抱怨就像一剂慢性毒药，在让你中毒的同时，还会让周围的人厌烦，从而远离你。一个人若是养成了经常抱怨的习惯，那他的人际关系一定会非常糟糕。因为，没有人喜欢和一个满腹牢骚的人相处。

葡萄牙作家费尔南多·佩索阿说："真正的景观是我们自己创造的，因为我们是它们的上帝。我对世界七大洲的任何地方既没有兴趣，也没有真正去看过。我游历我自己的第八大洲。"就像费尔南多·佩索阿说的那样，我们才是自己的上帝，在自己的花园里培育生命的花朵。那些整日牢骚不断的人，并不是遭到了多大的不幸或打击，而是他们的内心存在着某种缺陷，从而导致了对生活的认识存在偏差。

其实，与其消极地抱怨夜空，不如积极地点亮蜡烛。我们才是拯救自己的上帝。积极行动起来，远离抱怨的世界，你才能够发现全新的自己，从而改变命运，收获成功。

1814年，他出生在德国法兰克福的一个富豪家庭，在那里他度过了自己无忧无虑的少年时代。让人意想不到的是，在1833年，他的家族因政治迫害逃到了瑞士，家道中落，让他尝到了从未有过的艰辛，他的脾气也因此变得十分暴躁。

有一天，他路过一块农田，这里刚刚经过一次洪水的侵袭，长势良好的庄稼被无情地毁坏，一片狼藉，惨不忍睹。这不由让他联想到自己命运的变迁。这时，远处一个正在劳作的农民闯入了他的视线。"庄稼已经成了这样了，他还在忙什么？"他好奇地想。

走近后，他发现那个农民正在补种庄稼，他干得非常卖力，脸上看不到一点沮丧的神情。"庄稼被毁掉了，你难道一点也不生气吗？"他问。

"抱怨是没有一点效果的，那样只会使事情变得更糟糕。这都是上帝的安排，您看洪水虽毁坏了我的庄稼，但是却带来了丰富的养料，我敢保证今年一定是个丰收年。"说完，农民哈哈大笑起来。

农民的话给了他极大的启发，是啊，抱怨并不能改变什么，只能使事情变得更糟糕。他对农民深深地鞠了一躬，觉得心中的郁闷与不快都烟消云散了。

后来，他成了一名药剂师的助手，他特别喜欢科学研究。那时，婴儿因没有合适的奶制品，死亡率很高，他便开始研究可以减少婴儿死亡的奶制品。在研制的过程中。他经历过很多次失败，每次失败时他都会想到那位农民的话，不生气不抱怨，以更加积极的心态投入到研究中去。

1867年，他成立了自己的食品公司，用他研制的一种将牛奶与麦粉科学地混制而成的婴儿奶麦粉，成功地挽救了一位因母乳不足而营养不良婴儿的生命，从此，开创了公司辉煌的百年历程。

那个年轻人就是亨利·内斯特莱，他所创立的公司叫雀巢。

美国牧师威尔·鲍温在他的著作《不抱怨的世界》里说："常年抱怨的人最后可能被周围的人们放逐，因为他们发现自己的能量被这个抱怨者榨干了。"抱怨和泄气只能阻碍成功向自己走来的步伐。一个聪明的人，从来不抱怨现状，而是潜心研究如何摆脱现状的方法，脚踏实地，一步一步地走向光明。

你喜欢抱怨，烦恼就越来越多

　　荀子说："自知者不怨人，知命者不怨天，怨人者穷，怨天者无志；失之己，反之人，岂不迂乎哉！"意思是说有自知之明的人会选择生活道路，不做无谓的抱怨，时刻把握命运的主动权。

　　但是，荀子的境界不是每个人都能达到的，更多的人则像堂吉诃德的侍从桑丘，忍不住诅咒"命运女神像个喝醉了酒的婆娘，喜怒无常，而且双目失明，一味瞎干瞎闯！"

　　西方有句谚语，"无能的水手抱怨风向"。同理，无能的领导抱怨员工，无能的员工抱怨领导，无能的老师抱怨学生，无能的学生抱怨老师……在我们的工作中，头号的"绩效杀手"就是抱怨。

　　有一个年轻的农夫，划着小船，给另一个村子的居民运送农产品。那天的天气酷热难耐，农夫汗流浃背，苦不堪言。他心急火燎地划着小船，希望赶紧完成运送任务，以便在天黑之前返回家中。

　　突然，农夫发现有一只小船向自己迎面快速驶来。眼看两只船就要撞上了，但那只船并没有避让的意思。"让开，快点儿让开，再不让开你就要撞上我了！"农夫大声向对面的船吼叫道。但是，他的吼叫完全没用，尽管他手忙脚乱地企图让开水道，但为时已晚，那只船还是重重地撞上了他。

　　农夫被激怒了，他厉声斥责道："你会不会驾船，这么宽的河面，你竟然撞到了我的船！"当农夫怒目审视那只船时，他吃惊地发现，小船上空无一人。

在很多情况下，当你抱怨、怒吼、控诉的时候，你的听众也许只是一艘空船。有些时候，事情或许并不像你想的那么糟糕，有些本来不值挂怀的小事，只因为你整日喋喋不休、满腹牢骚，才会升华为你的烦恼。其实，人生的很多烦恼都是自找的。

威利·卡瑞尔年轻时曾是纽约水牛钢铁公司的一名工程师。一次，卡瑞尔到密苏里州去安装一架瓦斯清洁机。经过一番努力，机器勉强可以使用了，然而，远远没有达到公司保证的质量。卡瑞尔对自己的失败感到十分懊恼，他回忆说："我对自己的失败感到十分懊恼，好像有人在我头上重重地打了一拳。我的胃和整个肚子都扭痛起来，烦恼得简直无法入睡。"

后来，卡瑞尔意识到烦恼不能解决问题。于是，他想出了一个不用烦恼解决问题的方法，这就是"卡瑞尔公式"。

第一步，找出可能发生的最坏情况是什么——充其量不过是丢掉差事，也可能老板会把整个机器拆掉，使投下的2万块钱泡汤。

第二步，让自己能够接受这个最坏情况。他对自己说，我也许会因此丢掉差事，那我可以另找一份；至于我的老板，他们也知道这是一种新方法的试验，可以把2万块钱算在研究费用上。

第三步，有了能够接受最坏的情况的思想准备后，就平静地把时间和精力用来试着改善那种最坏的情况。

他做了几次试验，终于发现，如果再多花5千块钱，加装一些设备，问题就可以解决了。结果公司不但没有损失2万块钱，反而赚了15000块钱。

"如果我当时一直烦恼下去，"卡瑞尔最后说，"恐怕就不可能做到这一点了。唯有强迫自己面对最坏的情况，在精神上先接受了它以后，才会使我们处在一个可以集中精力解决问题的地位上。"

没有人可以让你烦恼，没有事可以让你痛苦，之所以会产生烦恼和痛苦，是因为你的修行不够。如果你能站在不同的角度去想问题，把各个方面都考虑到，然后用不同的方式来对待，那一切就都是圆满的。

抱怨是弱者的象征，真正的强者是从来不会抱怨的。命运越是不幸，强大的人就越是敢于向不幸挑战，最终克服重重困难，改变命运。

加伦是一家建筑公司的副总经理。而五六年前，他还只是作为一名送水工被建筑公司招聘来的。

虽然加伦当时的工作非常平常与琐碎，但在送水过程中，他并不像其他送水工那样，刚把当天的水送完就歇手不干，或者抱怨工资太少，或者聚在一起打牌抽烟。每一次他都给每位建筑工人的水壶倒满水，并利用工人们休息的时间，请求他们讲解有关建筑的各项知识。工人们在享受他提供的服务同时，也都愿意把自己的所知讲给他听。这样没过多久，这个勤奋好学、不满足现状的送水工，就引起了建筑队长的注意。两周后，他被提拔为计时员。

做上计时员的加伦依然精益求精地工作，对每一个人都热情而和善，赢得了公司众多员工的好感，大家都愿意帮助他。在这样的条件下，加伦进步得非常快。没多久他就对几乎所有建筑工作都非常熟悉了。而他在公司形成的良好口碑也不时地传到了公司领导的耳朵里。

一次，建筑队长看到加伦把旧的红色法兰绒撕开套在日光灯上以解决施工时没有足够的红灯照明的难题后，便决定让这位年轻人做自己的助理。在以后的日子里，加伦通过自己的勤奋努力和良好人缘，抓住了一次次机会，仅用了短短的五六年时间，便晋升到了这家建筑公司的副总经理的位置。

虽然当上了公司的副总经理，加伦依然保持着勤奋工作的作风。他在工作中鼓励大家学习和运用新知识，还常常自拟计划，自己画草图，向大家提出各种好的建议。只要给他时间，他便可以把客户希望他做的所有事都做好。

日本的"销售之神"松下幸之助曾经说过："我从不爱用那些抱怨环境，抱怨职务、待遇与自己的才能不相称的员工。我所喜欢的员工都是对工作充满了激情和热忱，充满了责任心的员工，这种员工也许本身能力并不是很出色，但他们在工作中踏实、肯干，对自己的工作不挑剔，真正能在工作上花力气，遇到困难和麻烦不会退缩。"

事实上，被你抱怨的事情，只要你端正态度去做，你就会发现，原本你认为是外在的客观环境造成的问题，其实并非如此，而真正能够解决问题的钥匙，就在你自己手里。

努力完成工作比抱怨更有效

人类进入到21世纪，生存危机日益增大，竞争日益激烈，任何企业，任何组织都不可能一帆风顺，随时都有被淘汰的危险。随之而来的就是工厂关门，企业倒闭，工人下岗等，一系列的问题就会接踵而来。几乎在任何企业，都有喜欢抱怨、爱发牢骚的员工。他们整天都把抱怨的矛头指向企业中的任何一个地方，抱怨工作不顺，单位福利不够，抱怨工作累，压力大……试问，那些没有工作的人，他们还会抱怨这些吗？

抱怨不仅对你的工作没有任何帮助，相反，抱怨得太多还会使别人厌烦，危及我们在公司的位置。因此，只有停止抱怨，把自己的全部身心都投入到工作中去，才能在平凡的岗位上创造出不平凡的业绩。

一个大学刚毕业的女孩，被分配到一家报社，本以为自己可以一进去就当记者，但万万没有想到，领导让她做的工作居然是到通联部抄信封！

"抄信封这种工作，只要是会写字的都能干，我大学苦读四年难道就是为了干这种工作吗？领导也太瞧不起人了！"换了一般人，没准就会这么抱怨，甚至干脆辞职不干了。刚开始的时候，女孩也有点儿想不通，但她又想：既然领导这么安排，肯定有他的考虑，或许这份工作正好缺人。抱着这样的心理，她没有抱怨，而是认真地把领导交待的工作做好。

三个月后，她一个人就能完成三个人的工作量了。她的表现被领导看在眼里，觉得这个女孩不错，别人不屑一顾的工作都能做得如此出色，如果给她更重要的位置，一定可以做得更好。于是，领导重新安排了她的工作，从此以后，她先后担任了文摘版、理论版和副刊的编辑……

这个把毫不起眼的工作做得极为出色的女孩就是后来红透中国的著名持人——王小丫。

曾经有一个著名的企业领导说过："抱怨只是为自己的失败找借口，是逃避责任的借口。只知道抱怨而不改变的人没有胸怀，很难做成大事。"在职场中的人一旦养成抱怨的习惯，不但会让自己的人际关系变得糟糕，还会影响到自己的工作。

与其深陷抱怨的泥潭里不可自拔，不如改变心态，努力工作。因为，一味地抱怨，只会放大原来的烦恼，如果不抱怨，换一个角度想问题，你会发现，在生活中演绎好自己的角色才是最美好的事情。

一天，吉米站在一家商店出售皮鞋的柜台前，和受雇于这家商店的员工汤姆聊天。汤姆告诉吉米说，他在这家商店服务已经7年了，但由于这家公司的老板"目光短浅"，他的工作业绩并未得到赏识，他非常郁闷，但同时，他似乎对自己很有信心："像我这样一个学历不低、年轻有为的小伙子，还愁找不到一个体面而有前途的工作？"

正说着，有位顾客走到他面前，要求看看袜子。汤姆对这名顾客的请求不理不睬，仍在继续发牢骚，虽然这位顾客已经显出不耐烦的神情，但他还是不理。最后，等他把话说完了，才转身对那位顾客说："这儿不是袜子的专柜。"

那位顾客又问，袜子专柜在什么地方。汤姆回答说："你问总服务台好了，他会告诉你怎样找到袜子专柜。"

7年多来，这个内心抑郁的可怜的年轻人一直不知道自己为什么没有遇到"伯乐"，没有得到升迁和加薪的机会。

3个月后，当吉米再次光顾这家商店时，没有再看见那位满腹牢骚的小伙子。商店的另一名店员告诉吉米，上个月，公司人员调整时，他被解雇了。"当时，他非常震惊，也非常激动和气愤……"

几个月后，一次偶然的机会，吉米在一条繁华的商业街上，又碰见了汤姆，他心情有些沉重，一改往日的"意气风发"。他说："时下经济不景气，找了几个月都没有找到满意的工作……"

说完后，他匆匆离去，说是要去参加一个面试，虽然工作性质与原来的没有什么不同，薪水也不比原来的高多少，但他还是很珍惜这个面试机会，一定不能迟到。

也许，如果他懂得珍惜原来的工作机会，努力工作，今天就不需要这样努力地去找工作了。

路都是自己走出来的，与其抱怨，不如心平气和地去接受现状。只要我们努力工作，就一定可以改变现状。当我们不再抱怨的时候，就是我们成长起来的时候。"与其临渊羡鱼，不如退而结网"，摈弃抱怨，勤奋工作，才能让你在以后的竞争中立于不败之地，才能更好地发展自己的事业。

只有不抱怨工作的人，才是最快乐的人；只有不抱怨工作的员工，才是最优秀的员工。

在这个世界上，没有绝对的公平

同自然界的大多数生物一样，为了生存，我们不得不每天都要和别人竞争。但是在很多时候，我们付出了、努力了，却没有得到期望的结果。这是因为——在这个世界上，没有绝对的公平。

也许会有人说，海面永远是公平的。远远看去，确实如此，但如果我们近距离观察它的话，就会发现大海没有一刻不在波涛翻滚，即使是在没有一丝风的情况下，海面也不会保持绝对意义上的平静。

可见，在这个世界上，绝对的公平是不存在的。比如，老鹰捉小鸡，对小鸡来说是不公平的；蜘蛛吃苍蝇，对苍蝇来说是不公平的；老虎捕麋鹿，对麋鹿来说是不公平的……生活总是不公平的，但这也是生活的真实和可爱之处。正是有了这些不公平，才激励我们竭尽所能地去奋斗。

被誉为"全球第一CEO"的杰克·韦尔奇曾经讲过一个发生在他早期职业生涯中的故事。

刚到通用电气时，韦尔奇的第一项任务是找到一个制造PPO的示范场地，然后把工厂建立起来。在皮茨菲尔德的一座破败的楼房里，韦尔奇与另外一名化学专家为了建立这座工厂，花费了许多心血和精力。

一年之后，这个工厂终于建立起来，韦尔奇得到了很高的评价，而且得到了1000美元的加薪。1000美元相当于韦尔奇工资的10%，他感到很开心，觉得自己比别人做得更多，得到这些是理所应当的。

但是后来，韦尔奇得知，其他人都得到了同样的加薪。在那一刻，之前让韦尔奇高兴的加薪却变成了让他非常愤怒的罪魁祸首。于是他毅然决定辞职，准备前往伊利诺伊州国际矿物化学公司工作。

当然，韦尔奇最终并没有离开通用电气。因为就在为他举行欢送会之际，其上司鲁本·古托夫亲自和他谈判，终于将他留了下来。

美国心理学家亚当斯提出了一个"公平理论"，认为员工的工作情绪不仅受到自己所得的绝对报酬的影响，而且还受到相对报酬的影响，人们会不自觉地拿自己的薪资与别人的薪资相比较，一旦分配不合理，就会产生不公平感，导致心理不平衡。

然而，这个世界上没有绝对的公平，如果真的绝对公平了，反而是另一种不公平。我们从一出生就面临着很多种不公平，出生背景不同、家庭关系不同、受教育的程度不同。比尔·盖茨说："社会是不公平的，我们要试着接受它。"

绝对意义上的公平只是一个空中楼阁，一味地追求公平，只会导致心理严重失衡，使自己变得浮躁不安。这种心态不仅压抑人的良好心境，对人体健康产生不利影响，而且会扼杀人的聪明才智与创造才能。

有这么两个渔人，一同出去捕鱼。

他们来到河边，捕了很多的鱼。在分鱼的时候，两人发生了争执，都说自己分少了，别人分多了。没有办法，他们决定在河边挖一个水坑，暂时把鱼放在里面，回家去拿秤来重新分配。可是等他们回来的时候，水坑里的鱼却早已从里面跳出来，跑进了河里。他们感到十分懊恼，互相埋怨对方。

在这时，他们听见了野鸭的叫声，决定去捕野鸭。正当他们接近野鸭准备射击的时候，其中一个人说："先别忙，咱们先说好野鸭怎么分配，免得又让野鸭跑了。"于是二人为分配的事情又争吵起来，他们争吵的声音惊动了野鸭，野鸭马上就飞走了。可是二人仍在那里争吵不休。

　　生活中也许没有这样的渔人，然而却有这样的愚人。他们为某个共同目标倾注了巨大的心力，而在分配劳动果实时，却因为"不公平感"而发生了不愉快的事，都认为对方占了便宜，谁也不愿吃亏，这样僵持不下，眼睁睁地看着到手的鸭子飞走了。

　　世界是竞争的矛盾体，公平是相对的，不公平才是真理。因此，我们要学会承受，承受不公平的折磨，这样我们才能够感到心理平衡。

　　生活中的许多不公平是我们无法逃避，也无从选择的，我们所能做的就是摘下有色眼镜，保持端正的心态，用潇洒的的人生态度去面对生活。这样，当厄运和不幸突然降临时，你才不至于手忙脚乱、手足无措。

救赎你人生的只有自己

在电影《肖申克的救赎》中，安迪对他的朋友瑞德说："懦怯囚禁人的灵魂，希望可以令你感受自由。强者自救，圣者渡人。"犹太人的"圣经"《塔木德》也教导人们："要救赎自己。"可见，在通往成功的路上，靠山山会倒，靠人人会跑，只有自己最可靠。

有一天，某个农夫的一头驴子，不小心掉进一口枯井里。农夫绞尽脑汁想办法要救驴子，但几个小时过去了，驴子还在井里痛苦地哀嚎着。农夫对此无计可施。

最后，这位农夫决定放弃，他想这头驴子年纪大了，费很大劲把它救出来不值得。不过，为了以后不使别的家畜掉进枯井，他决定无论如何，也得把这口井填起来。

于是农夫便请来左邻右舍帮忙一起将井中的驴子埋了，以免除它的痛苦。

农夫的邻居们人手一把铲子，开始将泥土铲进枯井中。当这头驴子了解到自己的处境时，刚开始叫得很凄惨。但出人意料的是，一会儿之后，这头驴子就安静下来了。农夫好奇地探头往井底一看，出现在眼前的景象令他大吃一惊：当铲进井里的泥土落在驴子的背部时，驴子的反应令人称奇——它将泥土抖落在一旁，然后站到铲进的泥土堆上面！就这样，驴子将大家铲到它身上的泥土全数抖落在井底，然后再站上去。

很快，这只驴子便得意地上升到井口，然后在众人惊讶的表情中快步地跑开了！

假如你现在也身处枯井之中，无助的哀哭也许只能换来埋葬你的泥土。那么，你不妨学学这头驴子的做法：拼命抖落背上的泥土，将原本用来埋葬你的泥土作为拯救你的泥土。

罗曼·罗兰说："没有人能真正战胜你，也没有人能真正拯救你，除了你自己先相信自己，然后别人才会相信你。"在现实生活中，很多人一遇到困难便不由自主地怨这怨那，甚至还会四处拜佛。殊不知，解决问题的最直接途径也是最有效的途径就是从自身入手，佛在心中，自己就是自己千方百计想要拜的那尊佛。

查理的工厂惨淡经营，最终宣告破产，他成了一个名副其实的穷光蛋，只好像乞丐一样四处流浪。面对残酷的现实，查理沮丧透了，甚至想以自杀解脱自己所有的痛苦和烦恼。

一天，他去见牧师，他流着泪讲述自己的悲惨遭遇，他诚恳地说："牧师，你能为我指点迷津吗？我多么想东山再起啊！"

牧师看了看落魄的查理，沉默了一会儿说："这个世界上只有一个人能帮助你……"

查理激动地问："他是谁？他在哪？"

"跟我来！"牧师带着查理来到一面大镜子前，然后用手指着镜子里的查理说，"就是这个人，只有他能帮助你东山再起！你先好好认识这个人吧！"

查理怔怔地望着镜子里的自己，一张长满胡须的脸、颓废的表情和无助的双眸。

"这就是我吗？"查理不由自主地捂住了脸，静静地走开了。

几年后，查理又来见牧师，他步伐轻快有力，双目坚定有神，他对牧师说："当年是您教我认识到，只有依靠自己和相信自己才能找到出路。于是我先找到一份工作，这是我成功的起点，后来我又用积攒的钱开了一家公司，现在我的事业比最初发展得还要好。"

谁是驾驭你人生之舟的舵手？不是别人，正是你自己。一个人活着，就要靠自己，靠自己不断认识自己，不断完善自己，学会控制自己的心理，学会积极地适应现实，从而学会发展自己。

"天生我材必有用"，每个人都有自己的长处和闪光点，我们要相信自己的能力，依靠自己。人生在世，依靠任何人都是不现实的，或许别人会给你提供一个职位、一个机会，但最终的问题还是要靠你自己去解决。

米歇尔·福柯说："许多人之所以没有成功，不是因为在奋斗的过程中败给了强劲的对手，而是败给了自己。一个对自己没有信心，不敢去争取，不敢去拼搏的人，永远无法获得成功。"只有相信自己，才能摆脱困境，找到希望之花。

有一天，威尔逊先生从他的办公楼走出来，刚走到街上，就听见身后传来"嗒嗒嗒"的声音，那是盲人用竹竿敲打地面发出的声响。威尔逊先生愣了一下，缓缓地转过身。

那盲人感觉到前面有人，连忙打起精神，上前说道："尊敬的先生，你一定发现我是一个可怜的盲人，能不能占用你一点点时间呢？"

威尔逊先生说："我要去会见一个重要的客户，你要什么就快说吧。"

盲人在一个包里摸索了半天，掏出一个打火机，放到威尔逊先生的手里，说："先生，这个打火机只卖一美元，这可是最好的打火机啊。"

威尔逊先生听了，叹口气，把手伸进西服口袋，掏出一张钞票递给盲人："我不抽烟，但我愿意帮助你。这个打火机，也许我可以送给开电梯的小伙子。"

盲人用手摸了一下那张钞票，竟然是一百美元！他用颤抖的手反复抚摸这张钱，嘴里连连感激着："你是我遇见过的最慷慨的先生！仁慈的富人啊，我为你祈祷！上帝保佑你！"

威尔逊先生笑了笑，正准备走，盲人拉住他，又喋喋不休地说："你不知道，我并不是一生下来就瞎的，都是二十三年前布尔顿的那次事故！太可怕了！"

威尔逊先生一震，问道："你是在那次化工厂爆炸中失明的吗？"

盲人仿佛遇见了知音，兴奋得连连点头："是啊，是啊，你也知道？这也难怪，那次光炸死的人就有93个，伤的人有好几百，那可是头条新闻哪！"

盲人想用自己的遭遇打动对方，争取多得到一些钱，他可怜巴巴地说了下去："我真可怜啊！到处流浪，孤苦伶仃，吃了上顿没下顿，死了都没人知道！"他越说越激动，"你不知道当时的情况，火一下子冒了出来！仿佛是从地狱中冒出来的！逃命的人群都挤在一起，我好不容易冲到门口，可一个大个子在我身后大喊：'让我先出去！我还年轻，我不想死！'他把我推倒了，踩着我的身体跑了出去！我失去了知觉，等我醒来，就成了瞎子，命运真不公平啊！"

威尔逊先生冷冷地说道："事实恐怕不是这样吧？你说反了。"

盲人一惊，用空洞的眼睛呆呆地对着威尔逊先生。

威尔逊先生一字一顿地说："我当时也在布尔顿化工厂当工人，是你从我的身上踏过去的！你长得比我高大，你说的那句话，我永远都忘不了！"

盲人站了好长时间，突然一把抓住威尔逊先生，爆发出一阵大笑："这就是命运啊！不公平的命运！你在里面，现在出人头地了，我跑了出去，却成了一个没有用的瞎子！"

威尔逊先生用力推开盲人的手，举起手中一根精致的棕榈手杖，平静地说："你知道吗？我也是一个瞎子。你相信命运，可是我不信。"

不要相信所谓的命运，命运更大部分掌握在自己手中。自助者，天助之，只有自己的双脚走出来的路才是自己的，别人抬脚走的是别人的路。这个世界上从来就没有什么"救世主"，能够拯救你的人，只有你自己。

很多时候，别人的帮助对你来说只是杯水车薪，不能从根本上解决困难。在人生的道路上，有很多事情需要你一肩承担，没有人可以替你走下去。只有自己给自己打气，自己给自己加油，才会离成功越来越近，就像阿基米德说的那样："给我一个支点，我将撬动地球！"

20多岁的年轻人，正是搭建自己舞台的时候，凡事不能依靠别人施舍，更不能做个"啃老族"。只有将命运紧紧地握在自己手中，才能看见外面的艳阳天，才能获得自己想要的一切！

第二章
拆掉思维里的墙

如果你从改变自己开始，就可能会改变你的家人、你的城市，甚至你的国家，说不定还可以改变全世界。

没有人能够限制你，唯一限制你成功的人是你自己

有人说："我之所以没能成功，是因为家境不好！"也有人说："我之所以一辈子碌碌无为，是因为没碰到好的机遇。"其实，这些都不是你失败的借口。我们所处的时代是一个开放的时代，每个人面临的机遇、挑战虽然千差万别，但阻碍你成功的，并不是这些外在原因，而是你给自己设定的"自我限制"。

我们每个人都不知不觉地生活在自我限制中，这是由从小的家庭环境和生活习惯造成的。这种自我限制不但影响了我们的思维，更加影响了我们的行动。著名编剧廖一梅说："一个人应该有揪着自己头发把自己从泥土里拔出来的力量。"我们只有摆脱"自我限制"的束缚，打开制约我们成功的"盖子"，才能去追寻更高、更远、更美好的成功。

科学家曾经做过这样一个实验：他们把一只跳蚤放在一个标有刻度尺的特制容器里，任其自由运动，结果，这只跳蚤每次弹跳的高度，都是其身高的100多倍！他们得出的结论是，没有任何一种动物有如此强大的弹跳力，可以说跳蚤是世界上跳得最高的动物了。

那么，跳蚤的跳跃能力会不会随着环境的变化而改变呢？

为了验证这个问题，科学家又做了一个有趣的实验：他们把跳蚤放进一个大烧杯中，上面盖上玻璃盖子，以此测试跳蚤在封闭的环境中的跳跃能力。因为盖子的缘故，跳蚤达不到原本弹跳能力的高度，所以，刚开始，跳蚤总是会狠狠地撞到盖子上，但是在吃了很多次亏之后，跳蚤学乖了，它每次跳出的高度刚好比盖子略低一点，这样，它既能活动开身子，又不会被撞疼。

看到跳蚤变得如此"聪明"，科学家决定再换一个矮一点的烧杯试试，结果发生了和上述过程一样的事情，跳蚤再次调整了自己的弹跳高度来适应新的环境。

如此反复数次，直到烧杯的高度几乎和跳蚤的身高一般高时，跳蚤居然不再跳了，代之以爬来活动自己的身体。

这时候，科学家又把玻璃盖子拿走，不管是拍桌子还是拨动跳蚤，它都不会再去跳了，跳蚤变成了一只名副其实的"爬蚤"！

那么，跳蚤是不是就此就丧失了跳跃的能力了呢？

科学家又在装有跳蚤的烧杯底下，放了一盏点燃的酒精灯，然后观察跳蚤的反应。起初，跳蚤似乎没有什么感觉，依旧在烧杯里不紧不慢地爬着。但随着烧杯底部温度的升高，跳蚤又有点撑不住了，最终它以快速的速度来回爬动，以躲避炽热的杯底。然而，当烧杯越来越热，已无跳蚤的立身之处时，跳蚤实在忍受不了了，它用力一跳，轻松跃出了烧杯，逃生而去。

有的时候，人也是这样。很多人不敢去追求成功，并不是成功遥不可及，而是他自己在内心默认了一个"高度"，这个高度常常暗示自己："这是不可能的，这是无法达到的。""心理高度"是人无法取得成就的根本原因之一。事实上，一个人的思想决定了他的高度、决定了他的成就。思想有多大，能力就有多大，成就就有多大。

杰弗里·波蒂洛在读小学六年级的时候，有一次，考试考了第一名，老师送他一本世界地图，他非常高兴，跑回家就开始看这本世界地图。很不幸，那天轮到他为家人烧洗澡水。他就一边烧水，一边在灶边看地图，看到一张埃及地图，那里有金字塔，有尼罗河，有法老王，有很多神秘的东西，他想长大以后一定要去埃及玩一趟。

他正看得入神的时候，他的父亲突然从浴室冲出来，用很大的声音说："你在干什么？"

他说，"我在看地图。"

爸爸很生气，说："火都熄了，看什么地图！"

说完就跑到他面前"啪啪"给他两个耳光，用很严肃的表情跟他讲："我保证！你这辈子不可能到那么遥远的地方！赶快生火。"

当时杰弗里·波蒂洛看着父亲，呆住了，心想："我爸爸怎么给我这么奇怪的保证，真的吗？这一生真的不可能去埃及吗？"

20年后，杰弗里·波蒂洛第一次出国是去埃及，他的朋友都问他："到埃及干什么？"

他说："因为我的生命不要被保证。"

他坐在金字塔前面的台阶上，买了张明信片给他父亲写信。他写道："亲爱的爸爸：我现在在埃及的金字塔前面给你写信，记得小时候，你打我两个耳光，保证我不能到这么远的地方来，现在我就坐在这里给你写信。"

杰弗里·波蒂洛说："只要不把你的命运交给别人，你就能决定自己的命运。"你的命运是由你自己决定的，除了你，任何人都没有资格限制你。一个人若想突破事业的瓶颈，就必须突破"心理高度"，如果你能做到这一点，你成功的几率将会大大增加。

别再自己摸索，问路才不会迷路

有一个博士到一家研究所工作，成为了这个所里学历最高的一个人。有一天他到单位后面的小池塘去钓鱼，正好正副所长在他的一左一右，也在钓鱼。

"听说他俩也就是本科生学历，有啥好聊的呢？"这么想着，他只是朝两人微微点了点头。

不一会儿，正所长放下钓竿，伸伸懒腰，噌噌噌从水面上如飞似的跑到对面上厕所去了。

博士眼睛睁得都快掉下来了，"水上漂？不会吧？这可是一个池塘啊！"

正所长上完厕所回来的时候，同样也是噌噌噌地从水上漂回来了。

"怎么回事？"博士生刚才没去打招呼，现在又不好意思去问，自己是博士啊！

过一阵，副所长也站起来，走了几步，也迈步噌噌噌地漂过水面上厕所了。

这下子博士更是差点昏倒："不会吧，到了一个江湖高手集中的地方了？"

过了一会儿，博士也内急了。这个池塘两边有围墙，要到对面厕所非得绕十分钟的路，而回单位上又太远，怎么办？

博士也不愿意去问两位所长，憋了半天后，于是也起身往水里跨，心想："我就不信这本科生学历的人能过的水面，我博士不能过！"

只听"扑通"一声，博士栽到了水里。

两位所长赶紧将他拉了出来，问他为什么要下水，他反问道："为什么你们可以走过去而我就掉水里了呢？"

两位所长相视一笑，其中一位说："这池塘里有两排木桩子，由于这两天下雨涨水，桩子正好在水面下。我们都知道这木桩的位置，所以可以踩着桩子过去。你不了解情况，怎么也不问一声呢？"

在我们的周围，有很多像这位博士一样的人，他们眼高于顶、目空一切，特别喜欢向别人吹嘘自己曾经取得的辉煌，夸耀自己的能力学识，以为这样就可以博得别人的好感与尊敬，但事实上，他们越吹嘘自己，就越显示出自己的浅薄和无知。

著名的成功学大师陈安之说："别再自己摸索，问路才不会迷路。"在人生的道路上，不知道会出现多少条岔道，如果你只是一味地低着头往前冲，那很有可能会迷失方向。所以，在必要的时候，我们要放下那颗自以为尊贵的"虚荣心"，以平等、平常的心态问问身边的同路人，也许，就是那微不足道的一问便可以改变你的人生道路，柳暗花明又一村。

孔子是我国古代著名的大思想家、教育家，学识渊博，可是仍虚心向别人求教。有一次，他到太庙去祭祖。他一进太庙，就觉得新奇，向别人问这问那。有人笑道："孔子学问出众，为什么还要问？"孔子听了说："每事必问，有什么不好？"他的弟子问他："孔圉死后，为什么叫他孔文子？"孔子道："聪明好学，不耻下问，才配叫'文'。"弟子们想："老师常向别人求教，也并不以为耻辱呀！"

明朝著名散文家、学者宋濂自幼好学，不仅学识渊博，而且写得一手好文章，被明太祖朱元璋赞誉为"开国文臣之首"。宋濂很爱读书，遇到不明白的地方总要刨根问底。有一次，宋濂为了搞清楚一个问题，冒雪行走数十里，去请教已经不收学生的梦吉老师，但老师并不在家。宋濂并不气馁，而是在几天后再次拜访老师，但老师并没有接见他。因为天冷，宋濂和同伴都被冻得够呛，宋濂的脚趾都被冻伤了。当宋濂第三次独自拜访的时候，掉入了雪坑中，幸而被人救起。当宋濂几乎晕倒在老师家门口的时候，老师被他的诚心所感动，耐心解答了宋濂的问题。后来，宋濂为了求得更多的学问，不畏艰辛困苦，拜访了很多老师，最终成为了闻名遐迩的散文家。

日本有句成语："问是一时之耻，不问是一世之耻。"要想走出人生的低谷，取得成功，就必须虚心好学，肯向一切人，包括向比自己地位低的人学习，做到"不耻下问"。

在美国有一个企业大亨，他在发迹前曾是一家香皂公司的推销员。

有一天，他跑到一家超市推销他的香皂。正忙着上货的超市老板不耐烦地挥挥手说道："你走吧！我这儿货很多，没有空跟你闲聊，等以后再说吧！"

推销员仍继续鼓动口舌，打算说服那老板，购买他们的产品。

没想到对方这时却破口大骂："带着你的东西立刻给我滚蛋！刚才是给你面子，不想让你太难堪，可是你这家伙却这么不知好歹！"

他一面收拾自己的箱子，一面心平气和地对老板说："很抱歉，我刚当业务员没多久，才疏学浅，还希望你不吝赐教……对啦！如果我要把这香皂向其他地方推销的话，我该怎么说才好呢？"

老板听到这些，觉得自己刚才实在是太过分了，于是他热心地对推销员说："你应该如此……"只见老板把这香皂的好处说了一大串。

"先生，没想到你对我们公司的产品这么了解！所说的话也如此具有说服力！真是谢谢您的指点。"他由衷地称赞对方。

老板听到这些，不但没有了怒气，而且心情非常舒畅，竟然与推销员签下了一笔不小的订单。

俗话说："常问路的人才不会迷失方向。"一个明智的人，始终认为人外有人天外有天，始终用心学习，不耻下问；一个愚蠢的人，好为人师，他们总是喜欢以"万事通"的身份来炫耀自己。其实，"问"和"答"是一种能量的转换，答的人释放能量，问的人吸收能量，结果就是问的人不断成长，答的人却毫无长进。

所以，我们在生活中不能迷信"车到山前必有路，船到桥头自然直"的古话，而应该在苦无头绪的时候停下来，仔细寻找和询问周围的"路人"。只要你能放下身段，又何愁得不到路人的指引呢？

改变世界不如先改变自己

很久很久以前，人类都还赤着双脚走路。

有一位国王到一个偏僻的乡间旅行，因为路面崎岖不平，又有很多碎石头，刺得他的脚又痛又麻。回到王宫后，他下了一道命令，要将国内所有道路都铺上一层牛皮，他认为这样做不只是为了自己，还可造福他的人民，让大家走路时都不再受刺痛之苦。

显而易见，这并不是一个好的办法。即使杀尽国内所有的牛也筹措不了足够的皮革，而所花费的金钱，动用的人力更不知几何，虽然根本做不到甚至还相当愚蠢，但因为是国王的命令，大家也只能摇头叹息。

一位大臣小心翼翼地向国王提出建议，咱们城东有个寺院，寺院有个修行极高的禅师，要不然把他找来看看他有什么好的办法，国王于是下令派人去请这位禅师。

禅师来了，他走到殿上，看了一眼国王，语重心长地说："国王啊，为什么您要劳师动众，牺牲那么多头牛花费那么多金钱呢，您何不只用两小片牛皮包住您的脚呢？"

国王听了很惊讶，但也当下领悟，于是立刻收回成命，改采这个建议，据说这就是皮鞋的由来。

哪怕是一国之王，想要改变整个世界，也不大可能；但要改变自己的思维，就很简单了。与其改变全世界，不如先改变自己。一粒种子落进土里之后最好不要移动，一动就很难成活。而人就不同了，人是有独立思维的动物，碰到问题要灵活处理，不能钻牛角尖。

有一则脑筋急转弯这么说："一个人要进屋子，但那扇门却怎么也拉不开，为啥？回答是：那扇门是推开的。"

这样需要变通的情况，在我们的生活中常常出现。有时你会为某一个失败而懊悔，但是如果你稍微变通一下，就会是另一个结局。在纷纷扰扰的社会中，什么样的问题都有可能遇到。要想安稳、游刃有余地处世，就必须根据不同的环境改变自己。

有一天晚上，一艘美国航空母舰在海上航行时，突然遇到大雾，能见度相当低。舰长马上跑到指挥中心亲自坐镇，以防发生意外。

不久后，果然看到远方有一个微弱的灯光在闪亮。舰长马上交代负责打探照灯的讯号兵，用摩斯密码指示对方："这里是USS独立号，请向东转50度，以免发生危险。"过了几分钟，对方也用灯号回应："USS独立号请注意，请向西转50度避开我们。"

船长看到对方的讯号后，马上怒火中烧，他认为美国海军的航空母舰是全世界最大的船，哪有让路给其他船只的道理！他再下令讯号兵告诉对方："重复，这里是USS独立号，我们是美国航空母舰，我是舰长强生中将。请立即向东转50度，以免撞到我们。"随后对方又用灯回应："我是二等兵，我这里是灯塔，请立即向西转50度避开。"

到这时，舰长才认识到自己的错误，急速将舰艇向西转了50度，结果是差一点就撞着了灯塔，全舰的人都吓出了一身冷汗。如果迟转几分钟，很可能就会出现大难。

社会是客观发展的，任何个人都不可能改变社会，只能适应社会的发展变化，我们也无法改变别人，你惟一能够做到的就是改变自己。

改变自己，首先要改变自己的性格和观念。俗话说："江山易改，本性难移。"可见，要改变自己的性格并非一朝一夕之功。虽说不容易，但也不是说就没有办法改变。只要你肯付出行动，不断调整自己，改变自己，就能渐渐地顺应生活，适应生活。

英国一位主教的墓志铭上这样写道：

"少年时，意气风发，踌躇满志，当时曾梦想改变世界。但当我年事渐长，阅历增多，发现自己无力改变世界。于是，我缩小了范围，决定先改变我的国家，可这个目标还是太大了。接着我步入了中年，无奈之余，我将试图改变的对象锁定在最亲密的家人身上。但天不遂人愿，他们个个还是维持原样。当我垂垂老矣之时，终于顿悟：我应该先改变自己，用以身作则的方式影响家人。若我能先当家人的榜样，也许下一步就能改善我的国家，再以后，我甚至可能改造整个世界。"

如果你从改变自己开始，就可能会改变你的家人、你的城市，甚至你的国家，说不定还可以改变全世界。

每天都是新的，烦恼痛苦不过夜

一位哲学家说："你的心态就是你真正的主人"。一位伟人说："要么你去驾驭生命，要么是生命驾驭你。你的心态决定了谁是坐骑，谁是骑师"。一位艺术家说："你不能延长生命的长度，但你可以扩展它的宽度；你不能改变天气，但你可以左右自己的心情；你不可以控制环境，但你可以调整自己的心态。"

人的心态总是随着环境、所遇之事的不断变化而变化。总的说来心态分为积极健康的和消极不健康的两种。那么积极健康的心态和消极不健康的心态分别包括哪些呢？

积极健康的心态包括：希望、好奇心、追求、信心、决心、恒心、努力、自尊、自爱、自制、自省、理解、同情、忍让、宽容、满足、安心、无畏、镇定、制怒、忍耐、警惕、有备无患、快乐、乐观等。

消极不健康的心态包括：绝望、野心、忧虑、忧愁、忧伤、痛苦、苦闷、无奈、后悔、忏悔、虚荣、耻辱、厌恶、残酷、自卑、胆怯、羞愧、恐惧、怀疑、猜忌、惊疑、犹豫等。

人，只有在积极健康的心态下才能有正确的思考和正确的行为。所以，你的心态决定了你的命运。一个好的心态，可以让你乐观豁达，过上真正快乐的生活；一个坏的心态，则有可能让你一辈子都生活在迷雾当中，即使出现机会也看不清抓不到。

　　著名的佛学大师、禅宗曹洞宗的第五十代传人、临济宗的第五十七代传人、台湾法鼓山的创办人圣严法师说："不将烦恼是非带上床，不把忧悲苦恼带到明天，就是居家修行的不二法门。"如果你不给自己找烦恼，那么谁也无法给你带来烦恼。今天的烦恼应该在睡觉前把它忘掉，不应该带到第二天。

　　布朗是饭店经理，他的心情总是很好。当有人问他近况如何时，他回答："我快乐无比。"如果哪位同事心情不好，他就会告诉对方怎么去看事物好的一面。他说："每天早上，我一醒来就对自己说，布朗，你今天有两种选择，你可以选择心情愉快，也可以选择心情不好，我选择心情愉快。每次有坏事情发生，我可以选择成为一个受害者，也可以选择从中学些东西，我选择后者。人生就是选择，你选择如何去面对各种处境。归根结底，你自己选择如何面对人生。"

　　有一天，他忘记了关后门，被三个持枪的歹徒拦住了。歹徒朝他开了枪。

　　幸运的是事情发现较早，布朗被送进了急诊室。经过18个小时的抢救和几个星期的精心治疗，布朗出院了，只是仍有小部分弹片留在他体内。

　　6个月后，他的一位朋友见到了他。朋友问他近况如何，他说："我快乐无比。想不想看看我的伤疤？"朋友看了伤疤，然后问当时他想了些什么。布朗答道："当我躺在地上时，我对自己说有两个选择：一是死，一是活。我选择了活。医护人员都很好，他们告诉我，我会好的。但在他们把我推进急诊室后，我从他们的眼神中读到了'他是个死人'。我知道我需要采取一些行动。"

　　"你采取了什么行动？"朋友问。

　　布朗说："有个护士大声问我有没有对什么东西过敏。我马上答'有的'。这时，所有的医生、护士都停下来等我说下去。我深深吸了一口气，然后大声吼道：'子弹！'在一片大笑声中，我又说道：'请把我当活人来医，而不是死人。'"

后来的结果就不用说了，布朗活了下来，而且活得更加精彩，更加快乐。

人生不如意者十之八九，下岗失业、生病住院、亲人离去、事业受挫……每个人每天都在面临着不同的烦恼，但你可以选择微笑以对或是愁容满面。明智的人往往选择前者，即使遇到麻烦事，也保持着内心的淡定从容，不让烦恼陪自己过夜。

米拉奇是一个乐观者，于是凯特决定去拜访他。

米拉奇乐呵呵地请凯特坐下，笑嘻嘻地听她提问。

"假如你一个朋友也没有，你还会高兴么？"凯特问。

"当然，我会高兴地想，幸亏我没有的是朋友，而不是我自己。"

"假如你正行走，突然掉进一个泥坑，出来后你成了一个脏兮兮的泥人，你还会快乐么？"

"当然，我会高兴地想，幸亏掉进的是一个泥坑，而不是无底洞。"

"假如你被人莫名其妙地打了一顿，你还高兴么？"

"当然，我会高兴地想，幸亏我只是被打了一顿，而没有被他们害死。"

"假如你在拔牙时，医生错拔了你的好牙而留下了患牙，你还高兴么？"

"当然，我会高兴地想，幸亏他错拔的只是一颗牙，而不是我的内脏。"

"假如你正在打瞌睡时，忽然来了一个人，在你面前用极难听的嗓门唱歌，你还会高兴么？"

"当然，我会高兴地想，幸亏在这里嚎叫着的，是一个人，而不是一匹狼。"

"假如你的妻子背叛了你，你还会高兴么？"

　　"当然，我会高兴地想，幸亏她背叛的只是我，而不是国家。"

　　"假如你马上就要失去生命，你还会高兴么？"

　　"当然，我会高兴地想，我终于高高兴兴地走完了人生之路，让我随着死神，高高兴兴地去参加另一个宴会吧。"

　　"这么说，生活中没有什么是可以令你痛苦的，生活永远是快乐组成的一连串乐符？"

　　"是的，只要你愿意，你就会在生活中发现和找到快乐——痛苦往往是不请自来，而快乐和幸福往往需要人们去发现，去寻找。"米拉奇快乐地说道。

　　上天赐给我们很多珍贵的礼物，其中有一样就是"遗忘"。生活中，有些事情需要铭记，有些事却需要遗忘。只有遗忘了那些不快，你才能够更好地前进。

　　有悲有喜才是人生，有苦有甜才是生活。再大的伤痛，睡一觉就把它忘了。背着昨天追赶明天，会累坏了每一个当下。边走边忘，才能感受到每一个迎面而来的幸福。烦恼不过夜，健忘才幸福。

穷人最缺少的是野心

什么是野心？百度词条对"野心"的解释是："心性放纵，不可驯服或心怀叛离之心，不安本分。"其实，野心并不是一个贬义词，它是人们对成功的欲望和渴求，没有野心我们就会目光短浅、安于现状、缺乏上进心。

美国加利福尼亚大学的心理学家迪安·斯曼特研究发现，"野心"是人类行为的推动力，人类通过拥有"野心"，可以有力量攫取更多的资源。很多人之所以一辈子庸庸碌碌，很大一部分原因是因为他们缺乏野心。

野心即成功的欲望，如果一个人对成功的欲望太过脆弱，他就无法面对残酷的现实和自身的缺点，从而止步不前。而那些发誓一定要出人头地的人，他们往往拥有无比的自信和坚韧的毅力，所以能排除万难，坚持到底，直至取得成功。

美国人约翰·富勒的家中有7个兄弟姐妹，他从5岁开始工作，9岁时会赶骡子。他有一位不甘贫穷的母亲，她经常告诉孩子们："我们不应该这么穷，不要说贫穷是上帝的旨意，我们很穷，但不能怨天尤人，那是因为你爸爸从未有过改变贫穷的欲望，家中每一个人都胸无大志。"

这些话深植富勒的心，他一心想跻身于富人之列，开始追求财富。12年后，富勒接手了一家被拍卖的公司，并且还陆续收购了7家公司。他谈及成功的秘诀，还是用多年前母亲的话回答："我们很穷，但不能怨天尤人，那是因为爸爸从未有过改变贫穷的欲望，家中每一个人都胸无大志。"富勒在多次演讲中一再重复他从小立下的志向："虽然我不能成为富人的后代，但我可以成为富人的祖先。"

如果你生下来时贫穷潦倒，那不是你的错，是因为你的父辈没有成功的野心；但如果你垂垂老矣的时候仍然一无所有，就一定是你的过错。我们虽然无法选择自己的出身，但可以选择自己的将来。这一切的关键，就在于你是否有成功的野心。

比尔·盖茨在车库里还没有编写出程序，就想着要挑战IBM，宣称：让世界上每个人的书桌上，都摆上一台微型机。

孙正义在一间简陋的铁皮屋内，宣称："公司要在5年内销售额达到100亿日元，10年内达到500亿日元，我要把公司发展成资产几万亿日元、员工几万人的大公司。"

洛克菲勒说："老实说，我是一个'野心'家，从小我就想成为巨富。"

巴拉昂是一位年轻的媒体大亨，推销装饰肖像画起家，在不到十年的时间里，迅速跻身于法国五十大富翁之列。1998年因前列腺癌，在法国博比尼亚医院去世。临终前，他留下遗嘱，把他四亿六千万法郎的股份捐献给博比尼亚医院，用于前列腺癌的研究，另有一百万法郎作为奖金，奖给揭开贫穷之谜的人。

巴拉昂去世后，法国《科西嘉人报》刊登了他的一份遗嘱。他说，我曾经是一个很穷、很穷的穷人，去世时却是以一个富人的身份走进天堂的。在跨入天堂的门槛之前，我不想把我成为富人的秘诀带走，现在秘诀就锁在法兰西中央银行我的一个私人保险箱里，保险箱的三把钥匙在我的律师和两位代理人手中。谁要是能通过回答穷人最缺少的是什么，而猜中我的秘诀，他将能得到我的祝贺。当然，那时我已无法从墓穴中伸出双手为他的睿智而欢呼，但是他可以从那只保险箱里，荣幸地拿走一百万法郎，那就是我给予他的掌声。

这份遗嘱刊出之后，《科西嘉人报》收到大量的信件，有的骂巴拉昂疯了，有的说《科西嘉人报》为提升发行量在炒作，但是多数人还是寄来了自己的答案。

绝大部分人认为，穷人最缺少的是金钱，穷人还能缺少什么？当然是钱了，有了钱，就不再是穷人了。还有一部分人认为，穷人最缺少的是机会。一些人之所以穷，就是因为没遇到好时机，股票疯涨前，没有买进，股票疯涨后，没有抛出，总之，穷人都穷在背时上。

另一部分人认为，穷人最缺少的是技能。现在能迅速致富的都是有一技之长的人。还有的人认为，穷人最缺少的是帮助和关爱。另外还有一些其他的答案，比如：穷人最缺少的是漂亮，是皮尔·卡丹外套，是《科西嘉人报》，是总统的职位，是沙托鲁城生产的铜夜壶等等，总之，五花八门，应有尽有。

巴拉昂逝世周年纪念日，律师和代理人按巴拉昂生前的交代在公证部门的监督下打开了那只保险箱，在48561封来信中，有一位叫蒂勒的小姑娘猜对了巴拉昂的秘诀。蒂勒和巴拉昂都认为穷人最缺少的是野心，也就是成为富人的野心。在颁奖的时候，《科西嘉人报》带着所有人的好奇，问年仅9岁的蒂勒，为什么想到是野心，而不是其他的。蒂勒说："每次，我姐姐把她11岁的男朋友带回家时，总是警告我说不要有野心！不要有野心！我想也许野心可以让人得到自己想得到的东西。"

巴拉昂的谜底和蒂勒的回答见报后，引起不少的震动，这种震动甚至超出法国，波及英美。后来，一些好莱坞的新贵，和其他行业几位年轻的富翁就此话题接受电台的采访时，都毫不掩饰地承认：野心是永恒的特效药，是所有奇迹的萌发点；某些人之所以贫穷，大多是因为他们有一种无可救药的弱点，即缺乏野心。

　　没有野心，就没有追求，一个人的野心越大，他所追求的目标也就越高。就像捕猎一样，如果你所设定的目标是一只兔子，那你极有可能只猎到一只麻雀；但如果你的目标是老虎，那你就有可能猎到一只兔子。

　　拥有野心的人，不管时代潮流和社会风尚怎么变化，他都能凭借自己的梦想和力量走在时代的前沿。即使你现在两手空空，但如果你至始至终怀揣着野心，早晚都会拥有成功的人生。

超越自己从埋葬过去开始

英国诗人雪莱曾经说过："过去属于死神，未来属于自己。"过去你是个什么样的人，已经无关紧要了，最重要的是现在你想成为一个什么样的人。也许你的过去是成功的，但这并不代表你将来还会成功；反之，过去失败了，也不代表未来要失败。

一个人要想成长，要想发展，就必须埋葬掉过去的荣耀或失意，把自己的杯子清空，一心一意往前看。"中国创新培训第一人"吴甘霖在他所著的《空杯心态》中说："很多人总是抱怨世界太小，无处施展自己的才华。其实并不是世界太小，而是我们将自己看得太大。当心中装满了自己，就不会有别人的地方，世界当然就会很小。而将自己仿效，所有的人和事都能容下，世界自然就会变大。"

唐末五代时期，群雄逐鹿，硝烟四起。闽王为了收容人心，祈求江山永固，也为了忏悔滥杀无辜的恶业，开始笃信佛教。他曾创下剃度两万人的壮举，并先后拜请雪峰义存、鼓山神晏、武夷扣冰诸大禅师出任国师，为其开示佛法，指点迷津。

公元928年的一天，闽王在福州西湖拜见扣冰古佛，叩请治国方略。

无论闽王怎样好语讨巧，扣冰古佛都无动于衷，只管往闽王的杯子里添茶。

眼看着闽王的杯子茶水溢出，扣冰古佛丝毫不觉，继续往闽王的杯子里加茶。

闽王看见茶水流满桌面，一脸讶异，便问："师傅，杯子已经满了，为什么还要加茶呢？

扣冰古佛依然沉默，继续为他倒茶。

闽王似有所悟，便把杯子里的茶一口喝干。

扣冰古佛还是把闽王的茶杯满上，问："你会喝茶吗？"

闽王回答说："不会。"

扣冰古佛说："那就先学喝茶吧。"

闽王纳闷地回答："喝茶还要学吗？"

扣冰古佛说："你的心就像这个杯子一样，已经都装得满满当当的了，不把茶喝掉，不把杯子倒空，如何装得下别的东西呢？

如是，闽王终于明白此中禅意，恍然大悟，从此开始研习茶道，并从喝茶中悟得治国之道。

据说，这就是"空杯心态"的起源。"空"是人生的最高境界。老子在《道德经》里面说："埏埴以为器，当其无，有器之用。"意思是揉和陶土做成器皿，有了器具中空的地方，才有器皿的作用。空碗才能盛东西，空屋子才可以住人。人生如茶，空杯以对，才能喝到好茶，才能装下财富。

在我们的一生中，有欢乐，也有痛苦，有荣誉，也有失败。这一切在发生后都已经成为过去式，当太阳再次升起的时候，我们应该将它们彻底忘记，埋在心底，继续为理想而努力。很多人都说："忘掉过去真的太难了！痛苦的往事怎能说忘就忘呢？"其实，如果你不能忘掉过去，就不能拥抱现在，更不能迎接将来，你的一生也只能在自己的记忆里遨游了。

有一个企业家，一开始一贫如洗，后来发达了，就开始没白天没黑夜地炒股，但是一次选择失误，所以的钱都被套住，他又回到了起步时候的情况，情绪失控就跳楼自杀了。

有一个篮球明星，曾经红极一时，后来沦落到一家洗车店里打工。老板要求他在擦车时摘下冠军戒指，以免将车划伤，但遭到了他的拒绝。他说，那枚戒指是他剩下的唯一荣耀，如果把它拿走，他就会崩溃，结果他被洗车店解雇了。

以上两人的经历虽然不同，但他们有一个共性，那就是成功了一次后，再成功第二次很难，让他们清空自己的杯子，从头开始，他们就承受不了。

哈佛大学校长来北京大学访问时，讲了一段自己的亲身经历。

有一年，校长向学校请了三个月的假，然后告诉自己家人，不要问我去什么地方，我每个星期都会给家里打个电话，报个平安。

校长只身一人，去了美国南部的农村，尝试着过另一种全新的生活。在农村，他到农场去打工，去饭店刷盘子。在田地做工时，背着老板吸支烟，或和自己的工友偷偷说几句话，都让他有一种前所未有的愉悦。最有趣的是最后他在一家餐厅找到一份刷盘子的工作，干了4个小时后，老板把他叫来，跟他结帐。老板对他说："可怜的老头，你刷盘子太慢了，你被解雇了。"

"可怜的老头"重新回到哈佛，回到自己熟悉的工作环境后，却觉着以往再熟悉不过的东西都变得新鲜有趣起来，工作成为一种全新的享受。这三个月的经历，像一个淘气的孩子搞了一次恶作剧一样，新鲜而有趣。自己原本洋洋自得，甚至呼风唤雨的哈佛大学校长职位，自己原本认为的博学与多才，在新的环境中竟然一文不值。更重要的是，回到一种原始状态以后，就如同儿童眼中的世界，也不自觉地清理了原来心中积攒多年的"垃圾"。

叶子从树上掉下来后，它再也不可能回去了，所以我们不能用伤感的眼光去看待自己的过去。所有的过去都已随风而逝，只有未来才属于自己。无论你的过去怎样辉煌，怎样快乐，都已经随着时光的流逝而一去不复返了。一味地沉浸在过去，只能加重心灵的负担，只有将它们放下，去努力追逐梦想的步伐，梦想才会向我们招手。

突破思维定式，走别人没有走过的路

焦裕禄曾经说过一句话："吃别人嚼过的馍没味。"这句话的意思是告诫人们要敢为人先，走别人没有走过的路。每个人的思维都是一条条的路，那些被人经常走的路就是我们所说的传统思维或思维定势。沿着它走，你虽然能保证自己不会遇到危险，但是这条路上往往也没有猎物。

古语虽然说"无规矩不成方圆"，但如果你过分沉溺于规则之中，就等于是给自己的周围竖起了一堵堵墙，把自己围在一个小圈子里走不出来，离机遇和成功也就越来越远。

大象能用鼻子轻松地抬起一吨重的东西，但我们在动物园却看到它们安静地被铁链拴在一个小木桩上。因为它们自幼小无力时开始，就被沉重的铁链拴在木桩上，当时不管它用多大的力气去拉，这木桩对幼象而言，实在太沉重，当然动也动不了。不久，幼象长大，力气也变大了，但只要身边有桩，它总是不敢妄动。

这就是思维定式。成年后的大象，可以轻易地将铁链拉断，但因为幼年的思维定势，它一直都认为"绝对拉不断"，所以不再去尝试。人类也是一样，虽然有一颗万物之灵中最聪明的头脑，但却在很多情况下将其搁置一边，而是跟在先辈的后面一步步往前走。

法国科学家法布尔曾做了一个著名的"毛毛虫实验"。这种毛毛虫有一种"跟随者"的习性，总是盲目地跟着前面的毛毛虫走。法布尔把一组毛虫放在一个大花盆的边上，使它们首尾相接，排成一个圆形。这些毛虫开始动了，像一个长长的游行队伍，没有头，也没有尾。法布尔在毛虫队伍旁边摆了一些食物，但这些毛虫要想吃到食物就要解散队伍，不能再一条接一条前进。

法布尔预料，毛虫很快会厌倦这种毫无用处的爬行，而转向食物，可是毛虫没有这样做。出于纯粹的本能，毛虫沿着花盆边一直以同样的速度走了7天7夜，直到饿死为止。法布尔于是在他的实验笔记上写下了这样一句耐人寻味的话："在那么多毛毛虫当中，其实只要有一只稍微与众不同，便会立刻避免死亡的命运。"

鲁迅先生曾经说过："世界上本没有路，走的人多了，也变成了路。"路是人走出来的，但一味跟在别人后面，循着别人的脚步，只能算走别人的路，不是走自己的路。

在这个世界上，谁都希望自己过得幸福美满，谁都想让自己的梦想早日实现。但想要让梦想照进现实，就必须突破思维定势，独辟蹊径，走出一条别人从未走过的路。

一个小男孩跟着猎人到山中打猎。这里是动物经常出没的地方。猎人是个老猎手，很早的时候，他们就发现有熊、狍子、狐狸等动物在前面的空地上觅食，而且它们总是选择在中午。

快晌午的时候，果然有几只白色的狐狸在视线中出现了。猎人没有急着去端枪，因为他知道，这时候并不是最佳的时机。到后来，狐狸们开始放松警惕，沿着谷地的边缘，一路小跑着奔向山谷的另一头。

猎人觉得是时候了，他端起枪，闷闷的两声枪响之后，狐狸们倏忽之间窜了出去。但跑着跑着，有两只狐狸的脚步慢了下来。猎人估计它们受伤了，朝它们逃跑的方向追了过去。猎人知道，只要过一会儿，这两只受伤的狐狸就会因为快速的奔跑而精疲力竭。猎人拼命地追着，然而意想不到的是，跑着跑着，其中的一只狐狸突然改变了方向，奔向了另一条路，另外一只顿了一下，便尾随着刚才的那一只跑了。

狐狸们拐上的是一条并不适宜奔跑的路，不但崎岖不平布满荆棘，而且有很多陷阱。猎人一边追，一边纳闷。然而领头的那只狐狸依旧义无反顾，后面的那只也紧紧尾随其后跑个不停。猎人知道，前面不远处就有几处陷阱。就在这时候，前面的那只狐狸已经跑到了那个位置。它并没有远远地躲开，而是奔着陷阱的方向而去。后面的狐狸似乎没有想许多，只是跟着它。就在快接近那个陷阱的时候，前面的狐狸突然一闪身，躲开了陷阱。而后面那只狐狸，由于躲闪不及时，掉进了已经铺设了许久的陷阱中。

猎人和小孩停在陷阱旁边，把在陷阱中因恐惧而发抖的猎物捕获上来。前面的狐狸跑出去很远之后，又回过头看了一眼。见后面再没有人追上来，才突然显出受伤的情形来，一瘸一拐的仓皇逃窜了。

之后，猎人语重心长地对孩子说："孩子，看到了吧，今天那只逃跑的狐狸为我们上了生动的一课。前面的狐狸知道我们这样追赶下去的结果，因此它必须想出一个逃生的方法来。或许它知道，我们只要能够得到它们中的一只，就会放弃继续追下去的念头。这时候，和它一块的狐狸就成了竞争对手。到最后它不是要跑过我们，而是要'跑过'与它一起逃生的另一只狐狸。"

若干年之后，那个小孩成了一家知名企业的老板。他从当年打猎当中得到的人生体验或许更耐人寻味，他说："一个人在人生路上可能会跑掉鞋子，光着脚跑一程，这不可怕；可能会受了蒙蔽或欺骗，走了弯路，这也不可怕；无路可走的时候，可能会跟在别人的后面走上一程，这依旧不可怕；可怕的是，没有目标，一味而盲目地跟在别人后边，找不到一条真正属于自己的路。而且因为心中无路，任何一点小小的困境，都可能成为弱者的绝境。"

　　"人生的所有胜景，只会留给善于独辟蹊径的人。"他把这句话刻在了公司最醒目的位置上。

　　成功者都是独辟蹊径，失败者都是随波逐流。众人都走过的路，往往没有果子留下来，所以成功需要敢为人先，走别人从没走过的路。

　　如果你仔细分析那些成功人士，就会发现他们大多数人正是因为走了与众不同的路才获得成功的。换一种思维方式，走别人没有走过的路，才能走出自己的风格，才能走出属于自己的成功。

要无条件自信，即使在做错的时候

自信是成功的第一秘诀。古今中外，凡是事业上有所成就的人，都具备"自信"这一特质。自信心是相信自己成功的心理素质，是人们开拓进取、向上奋进的动力。相信自己有能力完成各种任务、应付各种事件、达到预定目标的人，必然是一个充满自信的人。

自信就是相信自己，一个连自己都不能相信的人，怎么能获得别人的信任呢？一位成功学家曾说："你的成就大小，往往不会超出你自信心的大小。假如你对自己的能力没有足够的自信，你也不能成就重大的事业，不期待成功而能取得成功的先决条件，就是自信。"

"你明天不用来上班了……"老板对一个年轻人说。

"为什么？"

"你现在对公司没有任何价值！简单地说你没有什么用！"老板吐了一个烟圈，仰身躺在靠椅上。事实上，年轻人的业绩确实不怎么好。

"但是，我相信，我还是能干一些事情的。"年轻人向要解雇他的老板恳求说。

"作为一个推销员，你根本不够格。"他的老板坚持这样认为，话也说得很直白。

"我相信我会对你和你的公司有用的。"年轻人说。

"告诉我你怎么成为一个有用的人。"

"我不知道，先生，我不知道。但是我应该是有用的……"年轻人开始有些激动，甚至语无伦次起来。

"我也不知道。"老板有些嘲讽的意味，但还是扭过头仔细打量着面前的这个人。

"只要把我留下来就行，先生，让我留下来！让我在其他方面试试。我干不了销售，但也许可以干其他活儿。"

老板的口气渐渐温和了，说："也许你到这里来就是一个错误。"

"但是无论如何，我都会使自己有一些用处的。"年轻人坚持说，"请你相信我，我能做到的。"

终于，他的恳求被同意了，他被调到会计室。在那里，他在数字方面的天赋很快就有了用武之地。几年以后，他成了这家大百货商店的出纳负责人，而且还是一个出色的会计师。

俗话说："人有失足，马有失蹄。"每个人都有犯错误的时候，犯了错误并不稀奇，只是有的人往往在一次错误之后便一蹶不振，认为自己能力不行、经验不足，从此便不敢再尝试，那才是真正的悲哀。人应该在任何条件下都保持无条件的自信，即使在做错的时候。犯了错误不要紧，只要你有足够的自信，敢于不断向自己的目标推进，就一定能收获一片光明。

莎士比亚曾说："自信是走向成功之路的第一步，缺乏自信是失败的主要原因。"一个人如果没有了自信，自己首先就贬低了自身的存在价值；相反，那些具有自信心的人，都是生活中的强者。可以这样说："拥有自信，就拥有了成功的一半。"

古希腊的大哲学家苏格拉底在临终前有一个不小的遗憾——他多年的得力助手，居然在半年多的时间里没能给他寻找到一个最优秀的闭门弟子。

事情是这样的：苏格拉底在风烛残年之际，知道自己时日无多了，就想考验和点化一下他的那位平时看来很不错的助手。

他把助手叫到床前说："我的蜡烛所剩不多了，得找另一根蜡烛接着点下去。你明白我的意思吗？"

"明白，"那位助手赶忙说，"您的思想光辉是得很好地传承下去……"

"可是，"苏格拉底慢悠悠地说："我需要一位最优秀的承传者，他不但要有相当的智慧，还必须有充分的自信心和非凡的勇气……这样的人选直到目前我还未见到，你帮我寻找和发掘一位，好吗？"

"好的，好的。"助手很温顺、很郑重地说："我一定竭尽全力地去寻找，以不辜负您的栽培和信任。"

苏格拉底笑了笑，没再说什么。此后，那位忠诚而勤奋的助手，就不辞辛劳地通过各种渠道开始寻找"最优秀的继承者"了。可他领来的人一位又一位，结果都被苏格拉底一一否定。直到苏格拉底眼看就要告别人世了，最优秀的人选还是没有眉目。助手非常惭愧，泪流满面地坐在苏格拉底病床边，语气沉重地说："我真对不起您，令您失望了！"

"失望的是我，对不起的却是你自己，"苏格拉底说到这里，很失望地闭上眼睛，停顿了许久，才又不无哀怨地说："本来，最优秀的就是你自己，只是你不敢相信自己，才把自己给忽略、给耽误、给丢失了……其实，每个人都是最优秀的，差别就在于如何认识自己、如何发掘和重用自己……"话没说完，一代哲人就永远离开了他曾经深切关注着的这个世界。

这个故事告诉我们，每个人都是优秀的，差别就在于你是不是够自信。自信是积极向上的产物，也是一种积极向上的力量。奥里森·马登说过这样一段耐人寻味的话："如果我们分析一下那些卓越人物的人格特质，就会看到他们有一个共同的特点：他们在开始做事前，总是充分相信自己的能力，排除一切艰难险阻，直到胜利！"

"世界上最伟大的销售员"乔·吉拉德，早年事业失败、负债累累，更糟糕的是，家里一点食物也没有，更别提供养家人了。

他拜访了底特律一家汽车经销商，要求得到一份销售的工作。经理见吉拉德貌不惊人，并没打算留下他。

乔·吉拉德说："经理先生，假如你不雇用我，你将犯下一生中最大的错误！我不要有暖气的房间，我只要一张桌子和一部电话，两个月内我将打破这里最佳销售人员的纪录，就这么约定。"

经过艰苦的努力，在两个月内，他真的做到了，他打破了该公司销售业绩纪录。

自信是一种自我激励、自我肯定、自我强化。没有自信心，生活就没有激情和趣味，也就没有拼搏的勇气和力量。当然，自信毕竟只是一种自我激励的精神力量，如果离开了自己所拥有的条件，自信也就成了空中楼阁。所以，任何一个想要成功的人，都必须脚踏实地，认认真真地做好每一件事，从自己的脚下踏出一条远行的路来。

第三章
除了向前，你别无选择

　　人生就如同一次漫长的旅行，在旅途中，遍布着形形色色的磨难和挫折，但是无论怎样，只有斩断自己的退路，义无返顾地往前走，才能达到最终的目的地——成功。

拥有什么样的目标，就会拥有什么样的成就

有一年，一群意气风发的骄子从美国哈佛大学毕业，他们的智力、学历等条件都相差无几。在临出发时，哈佛大学对他们进行了一次关于人生目标的调查。结果是这样的：

27%的人没有目标；60%的人目标模糊；10%的人有清晰但比较短期的目标；3%的人有清晰且长期的目标。

25年后，哈佛大学再次对这群学生进行了跟踪调查。结果又是这样的：

3%——几乎不曾更改过自己的人生目标。25年后，他们几乎都成了社会各界顶尖成功人士，他们中不乏白手创业者、行业领袖、社会精英。

10%——大都生活在社会的中上层。其共同特点是那些短期目标不断地被达到，生活质量稳步上升。他们成为各行各业不可缺少的专业人士，如医生、律师、工程师、高级主管等等。

60%——几乎都生活在社会的中下层面。他们能安稳地生活与工作，但都没有什么特别的成绩。

27%——几乎都生活在社会的最底层，生活都过得很不如意，常常失业，靠社会救济，常常在抱怨他人，抱怨社会。

由此可见，有目标的人，成功率要比没有目标的人大。人生就好比下棋，如果走一步看一步，则必死无疑。篮球巨星姚明曾说："人如果有目标的话，他就会尽全力达到目标；如果没有目标，他就会松懈下来。"一个没有目标的人，就像一艘没有舵的船，只能随波逐流，最终在绝望、失败、消沉的海滩上搁浅。

美国19世纪哲学家、诗人爱默生说："一心向着自己目标前进的人，整个世界都会给他让路。"目标设定是实现梦想的第一步，勇敢地踏出，并且百折不挠，你才能够到达成功的彼岸。若是在行进的途中忘了目标，不管你怎样奋力拼搏，你都只能在原地打转。

这是一个真实的故事。1952年7月4日清晨，加利福尼亚海岸泛起了淡淡的薄雾。在海岸以西21英里的卡塔林纳岛上，一个34岁的女人正在涉水投入太平洋的怀抱，开始向加州海岸游去。假如成功，她将是第一个游过这个海峡的妇女。这位女士名叫费劳伦丝·科德威克。在来到这里之前，她已经成功地渡过了不少海峡，包括成为了从英法两边海岸游渡英吉利海峡的第一位妇女。

这天凌晨，她做好了游渡前的最后准备。尽管太平洋的海水冻得她浑身发麻。但她仍然果敢地划动海水，自信地向前游去，因为她相信，目标就在前面。

时间一小时一小时地过去了，成千上万的人在电视机前关注着她。有好几次，鲨鱼靠近了她，但都被护送船只上的人开枪吓跑了。她在为自己加油，在向着目的地游去。在以往这类渡海游泳中，她的最大问题不是疲劳，而是刺骨的水温。

15个小时过去了，她被冰冷的海水冻得身体几乎发僵，但她依然在向前游着。然而，这时加州海岸的雾气越来越浓，并逐渐向大海深处蔓延开去。由于雾很大，科德威克连护送自己的船只都几乎无法看清楚。电视观众和在场的人们突然开始发现，她好像有些犹豫，不想再游下去了。

果然，她很快就对不远处的船上的人呼喊，希望他们把她拉到船上去。她的母亲和教练就在另一条船上，他们告诉她海岸已经非常近了，千万不要放弃。但是，她朝加州海岸看过去，除了浓浓的大雾，什么也看不到，她开始感到有些心慌意乱，力不从心。她勉强再坚持了几十分钟，终于发出略带惶恐的呼救声！人们把她拉上了船，她在水里一共游了15小时零55分钟。当她在船上渐渐地感觉到温暖时，一股强烈的失败感开始袭上心头。

当记者采访她时，她略有所思地说：“说句心里话，我并不是在给自己找借口。但是，要是当时我能看见海岸线，也许我能坚持下来。”因为人们在拉她上船时，已经告诉她，她离加州海岸只有半英里远！后来，她说：“真正令我半途而废的不是疲劳，也不是寒冷，而是在浓雾中看不到目的地。我失去了目标，不知道它究竟有多远，它令我感到了一种没有尽头的恐惧。”

科德威克女士一生中就只有这一次没有坚持到底。两个月后，她重振旗鼓，成功地游过了这个海峡。她也因此成为了第一位游过卡塔林纳海峡的女性，而且比男子的纪录还快了大约2个小时。

古罗马政治家塞涅卡说：“有些人活着没有任何目标，他们在世间行走，就像河中一棵水草，他们不是行走，而是随波逐流。”每个人都应该树立一个明确的目标，当我们对这个目标的追求变成一种执着时，你就会发现，成功并不像你想象的那么难。

在当今时代，竞争已经没有疆域，每一个渴望成功的人都应该放开思维，站在一个更高的起点，给自己设定一个更具挑战性的目标，这样，你才会像一颗珍珠一样，发出耀眼的光芒。

2001年5月20日，美国一位名叫乔治·赫伯特的销售员，成功地把一把斧子推销给了小布什总统，布鲁金斯学会得知这一消息后，把一个刻有“最伟大的销售员”的金靴子授予了他。这是自1975年以来，该学会的一名学员成功地把一部微型录音机卖给尼克松之后，又一学员迈过如此高的门槛。

　　布鲁金斯学会创建于1927年，以培养世界上最杰出的销售员著称于世。它有一个传统，在每期学员毕业时，都设计一道最能体现销售员实力的实习题，让学生去完成。克林顿当政期间，他们出了这么一个题目：请把一条三角裤推销给现任总统。8年间，有无数个学员为此绞尽脑汁，最后都无功而返。克林顿卸任后，布鲁金斯学会把题目改成：请将一把斧子推销给小布什总统。

　　鉴于前8年的失败与教训，许多学员都知难而退。个别学员甚至认为这道毕业实习题会和克林顿当政时一样毫无结果，因为现在的总统什么都不缺，即使缺什么，也用不着他们亲自购买；再退一步说，即使他们亲自购买，也不一定正赶上你去推销的时候。

　　然而，乔治·赫伯特却做到了，并且没有花多少工夫。一位记者在采访他的时候，他是这样说的："我认为，把一把斧子推销给小布什总统是完全可能的。因为小布什总统在得克萨斯州有一座农场，那里长着许多树。于是我给他写了一封信。信中说，有一次我有幸参观您的农场，发现那里长着许多矢菊树，有些已经死掉，木质已变得松软。我想，您一定需要一把小斧头，但是从您现在的体质来看，这种小斧头显然太轻，因此您仍然需要一把不甚锋利的老斧头。现在我这儿正好有一把这样的斧头，正是我祖父留给我的，很适合砍伐枯树。倘若您有兴趣的话，请按这封信所留的信箱，给予回复……最后他就给我汇来了15美元。"

　　乔治·赫伯特成功后，布鲁金斯学会在表彰他的时候说："金靴子奖已设置了26年，26年间，布鲁金斯学会培养了数以万计的销售员，造就了数以百计的百万富翁，这只金靴子之所以没有授予他们，是因为我们一直想寻找这么一个人——这个人从不因有人说某一目标不能实现而放弃，从不因某件事情难以办到而失去自信。"

　　目标是行动的灯塔，我们所有的精力与智慧都是为它准备的，目标的高低直接决定着我们所成就的事业的大小。日本十大富翁之一的吉本晴彦告诉我们："如果想成功，目标要越大越好，因为如此一来，在没有达到目标前，就会严以律己，时时警惕自己不要懒散。"

　　一流的目标，造就一流的人生；追求人生卓越的伟大目标，会让生命之火燃烧得更旺。拥有人生的伟大目标，就会拥有无穷的成功机遇。

人不能同时坐两把椅子

父亲带着三个儿子到草原上猎杀野兔。在到达目的地，一切准备得当、开始行动之前，父亲向三个儿子提出了一个问题：

"你看到了什么呢？"

老大回答道："我看到了我们手里的猎枪、在草原上奔跑的野兔、还有一望无际的草原。"

父亲摇摇头说："不对。"

老二的回答是："我看到了爸爸、大哥、弟弟、猎枪、野兔，还有茫茫无际的草原。"

父亲又摇摇头说："不对。"

而老三的回答只有一句话："我只看到了野兔。"

这时父亲才说："你答对了。"

亚里士多德说过一句话："清楚自己一生在追求什么样的目标非常重要，那就像弓箭手瞄准了靶心，这样我们才会更有机会得到自己想要的东西。"可见，目标是指引一个人行动的指南针，只有设定目标，你才能有的放矢，你才会把力量集中到一点，你才会成功。而且，在设立目标的时候，目标必须是明确的，否则你付出的努力再多也是白费。目标太多等于没有目标，没有目标，人生也就一片黑暗。

为了你的人生有一片光明的前景，请为你的人生确定一个明确的目标。

明确的目标可以让你少走弯路，是你制订工作计划、明确工作责任的基础；明确的目标会维持和加强你的行动动机，让你总能有足够的动力推进工作，创造更大的价值。

有位哲学博士某次漫步于田野中沉思，发现水田当中新插的秧苗，竟是排列得如此整齐，犹用尺丈量过一般。

他不禁好奇地问田中工作的老农是如何办到的。

老农忙着插秧，头也不抬地回答，要他自己取一把秧苗插插看。

博士卷起裤管，东张西望地插完一排秧苗，结果竟是参差不齐。

他再次请教老农，如何能插一排笔直的秧苗，老农告诉他，在弯腰插秧的同时，眼光要盯住一样东西，朝着那个目标前进，就能插出一列漂亮的秧苗。

博士依言而行，不料这次插好的秧苗，竟然成了一道弯曲的弧形，划过半边的水田。

他继续虚心地请教老农，老农不耐烦地问他："您的眼光是否盯住一样东西？"

博士答道："是啊，我盯住的是田边吃草的那头水牛，那可是一个大目标啊！"

老农说："水牛边走边吃草，而你插秧苗的时候目标也跟着移动，你想，这道弧形是怎么来的？"

博士恍然大悟。这次，他选定远处的一棵大树。果然，插成了一列漂亮的秧苗。

成功如同要插出一列漂亮的秧苗，在插之前便应该树立一个不变的目标，向着一个方向努力，自然插得又快又好。生活中也是这样，如果没有目标，做起事来就会犹犹豫豫，不但浪费了时间，还无法达成自己的目的。

帕瓦罗蒂是世界著名的意大利男高音歌唱家，也是三大男高音之一。他具有十分动人的音色，在两个八度以上的整个音域里，所有音均能迸射出明亮、晶莹的光辉。

1935年，帕瓦罗蒂出生于意大利摩德纳市郊一个并不富裕的家庭。父亲当过面包师，母亲是雪茄烟厂的女工，但他们都酷爱音乐，尤其是他的父亲更是当地颇有名气的业余男高音。帕瓦罗蒂有着一副天生的好嗓子，自幼就与歌声结伴。因此，他非常渴望自己能够到音乐学院深造。可是，命运却没有给他机会，他被一所师范院校录取了。

在师范学院里，他的成绩非常优秀，他完全可以成为一个优秀的中学教师。而且，在当时的意大利，中学老师也是收入稳定并且十分受人尊敬的职业。但是，帕瓦罗蒂却有另外的想法，他爱好音乐，他希望自己能够成为一个歌唱家。

成为一个收入稳定的教师，是眼下就能够实现的人生目标，这对于贫穷家庭的孩子来说是最现实不过的，而成为歌唱家却是遥远甚至不可及的幻想。帕瓦罗蒂犹豫了，他既不想放弃教师的职业，又不想放弃自己的理想。他拿不定主意，就去询问自己的父亲怎么办。

他的父亲，富有远见的老帕瓦罗蒂神情庄重地看着孩子，告诉他："孩子，人不能同时坐两把椅子，那样只会掉到椅子中间的地上。在生活中，你必须学会放弃其中的一把椅子。"

帕瓦罗蒂领悟了父亲的教诲，他果断地放弃了教师的职业，选择了歌唱生涯。

后来，当人们问起帕瓦罗蒂成功秘诀的时候，帕瓦罗蒂总是这样告诉人们：选择和放弃是一件痛苦的事情，但却是成功的前提，人不能同时坐两把椅子。

人不能同时坐两把椅子，这个比喻多么形象而又贴切！这就是说，目标只能确定一个，这样才不会浪费人的精力。确定了一个明确的目标，那就只能走一条道路，哪怕这条路上有重重险阻，仍要坚持下去，绝不放弃。

重复别人走过的路，是忽视了自己双脚

一位犹太人开了一个加油站，生意特别好，第二犹太人来了，开了一个餐厅，第三个犹太人开了一个超市，这片地方很快就繁华了。

一位中国人开了一个加油站生意特别好，第二个中国人来了，开了第二个加油站，第三个人来了也开加油站，结果大家都没得玩。

这就是典型的中国式思维———一味跟在别人后面，重复别人走过的路，而忽视了自己的双脚。

瑞士心理学家和精神分析医师卡尔·古斯塔夫·荣格曾经说过："人肯定需要普遍性的理念和信条，以赋予自己的人生以意义，并借以找到自己在世界中的位置。如果他确信这些理念和信条有意义，则能够忍受最惊人的苦难；而如果他在承受住自己的所有不幸之后，却不得不承认自己的追求不过是'痴人说梦'，则他会被压垮。"

在这个社会中，每个人都是一个独立的个体，是独一无二的，所以我们应该找到自己最擅长的事，然后坚持下去，永远做一流版本的自己，不做二流版本的别人。在所有缺点中最无可救药的就是失去自我，成为别人的复制品。

有个渔人有着一流的捕鱼技术，被人们尊称为"渔王"。然而"渔王"年老的时候非常苦恼，因为他的三个儿子的渔技都很平庸。

于是他经常向人诉说心中的苦恼："我真不明白，我捕鱼的技术这么好，我的儿子们为什么这么差？我从他们懂事起就传授捕鱼技术给他们，从最基本的东西教起，告诉他们怎样织网最容易捕捉到鱼，怎样划船最不会惊动鱼，怎样下网最容易请鱼入瓮。他们长大了，我又教他们怎样识潮汐、辨鱼汛……凡是我长年辛辛苦苦总结出来的经验，我都毫无保留地传授给了他们，可他们的捕鱼技术竟然赶不上技术比我差的渔民的儿子！"

一位路人听了他的诉说后，问："你一直手把手地教他们吗？"

"是的，为了让他们得到一流的捕鱼技术，我教得很仔细很耐心。"

"他们一直跟随着你吗？"

"是的，为了让他们少走弯路，我一直让他们跟着我学。"

路人说："这样说来，你的错误就很明显了。你只传授给了他们技术，却没传授给他们教训。

法国作家辛涅科尔曾说："对于宇宙，我微不足道，可是对于我自己，我就是一切。"世界上没有两片相同的叶子，也没有完全相同的两个人。成功是不能复制的，每个人都有自己的成功之路，如果你绕开了本该属于自己的那条路，而去挤向别人的成功之路，只能离理想越来越远。

有一位商人，带着两袋大蒜，骑着骆驼，一路跋涉到了遥远的一个国家。那里的人们从没见过大蒜，更想不到世界上还有味道这么好的东西。因此，他们用当地最热情的方式款待了这位聪明的商人，临别赠予他两袋金子作为酬谢。

另有一位商人听说了这件事后，不禁为之动心。他想：大葱的味道不也很好么？于是他带着葱来到了那个地方。那里的人们同样没有见过大葱，甚至觉得大葱的味道比大蒜的味道还要好！他们更加热情地款待了商人，并且一致认为，用金子远不能表达他们对这位远道而来的客人的感激之情，经过再三商讨，他们决定赠与这位朋友两袋大蒜！

懂得创新，你就会得到宝贵的金子；盲目跟风，你只能得到廉价的大蒜。

模仿是创新的劲敌，模仿就是自杀。不管是在历史上，还是现实生活中，不知道有多少天资出众的人才，由于过度地模仿别人而丢掉了自己的特性，一味地跟在别人后面，最终沦为一个可怜的附庸者。

20世纪末，日本东京曾举办过一次青少年书法展，一位9岁少年的四幅书法作品，被当时的私人收藏者以价值1400万日元抢购一空，日本书法界为之震动，称这位少年为书法界的奇才。当时日本著名书法家小田村夫曾这样预言：在日本未来的书坛上，必将会升起一颗璀璨的新星。

然而，20年过去了，一些籍籍无名的人脱颖而出，而这位天才少年却销声匿迹了，是谁断送了这位天才少年的前程？2002年小田村夫曾专门拜访了这位小时候曾名振日本书坛的天才少年，当他看了这位天才书法家近日的书法作品时，不禁仰天长叹道："成功不能靠复制，右军啊，你害了多少神童！"

右军是谁？东晋的大书法家王羲之是也！可是1600多年前的王羲之为什么会害了这位少年天才呢？原来这位少年天才模仿王羲之的作品成瘾，在20多年的模仿过程中，又从没有加入自己的特色，所以他写出来的书法作品和王羲之比起来，简直能达到以假乱真的地步，在鉴赏家的眼里，他所有书法作品，已经不再是艺术，而变成了让人厌恶的仿制品。

人生之路有无数条，如果你总是循着别人的脚印前进，那么你一生都不会有太大的作为。只有勇于创新，敢走别人从未走过的路，才能登上更高的山峰。

威廉·詹姆斯曾说过："一般人的心智使用率不超过10%，大部分人不太了解自己还有什么才能。与我们应该取得的成就相比，其实我们还有一半以上是未醒着。我们只运用了身心资源的一小部分。人们往往都活在自己所设的限制中，我们拥有各式各样的资源，却常常不能成功地运用它们。"

循规蹈矩地做事，按部就班地生活，虽然能保证你的一生不会有大风大浪，但同样财富也不会亲近你。在某一领域，某一行业里，要想取得更大的成就，就需要开拓一条新路子。这样才能让你快速地摆脱平庸，走在时代的前列。

法国著名美容品制造商伊夫·洛列就是一个善于独辟蹊径的人，他在全世界拥有960家分号，同时，他的企业也是唯一能够与法国最大的化妆品公司"劳累阿尔"相抗衡的企业。

起初，洛列对花卉抱有极大的兴趣，经营着一家自己的花店。一个偶然的机会，他从一位医生那里得到了一个专治痔疮的特效药膏秘方，这使他产生了浓厚的兴趣。他想：如果能把花的香味融入这种药膏，使其芬芳扑鼻，应该会很受欢迎。

产生这种想法后，凭借着浓厚的兴趣和对花卉的充分了解，洛列经过昼夜奋战研制成了一种香味独特的植物香脂。他兴奋地带着自己的产品挨家挨户地去推销，取得了意想不到的成果，几百瓶试制品几天的工夫就卖得一干二净。

由此，洛列又想到了利用花卉和植物来制造化妆品。他认为，利用花卉原有的香味来制造化妆品，能给人带来清新的感觉，而且原材料来源广泛，所能变换的香型也很多，市场前景一定很广阔。

于是，他开始游说美容品制造商实施他的计划，但在当时，人们对于利用植物来制造化妆品是持否定态度的。洛列并没有因此而放弃，他坚信自己这个新颖的想法一定能成功。于是他向银行贷款，建起了自己的工厂。

1960年，洛列的第一批花卉美容霜研制成功，开始小批量投入生产，结果在市场上引起了巨大的轰动。在极短的时间内，洛列通过各种销售方式顺利地推销了70多万瓶美容品。

如果说用植物制造美容品是洛列的一种尝试，那么，采用邮购的销售方式则是他的一种创举。他在《这儿是巴黎》杂志刊登了一则广告，并附上邮购优惠单。《这儿是巴黎》发行量较大，结果其中40%以上的邮购优惠单都被寄了回来。伊夫·洛列又成功了，这种独特的邮购方式使他的美容品源源不断地卖了出去。

在一次新闻发布会上，洛列深有感触地说："能有今天，我当然不会忘记卡耐基先生，他的课程教给了我一个司空见惯的秘诀，而这个秘诀我尽管经常与它擦肩而过，但是过去却未能予以足够的重视，也没有把它当做一回事来对待。现在，我却要说，创新的确是一种美丽的奇迹。"

艾默生在《自我信赖》中说："一个人总有一天会明白，嫉妒是无用的，而模仿他人无异于自杀。因为无论好坏，人只有自己才能帮助自己，只有耕种自己的田地，才能收获自己的玉米。上天赋予你的能力是独一无二的，只有当你自己努力尝试和运用时，才知道这份能力到底是什么。"

生活中，我们太习惯于按部就班地走别人走过的路，固执地认为走大多数人走过的路不会错。但事实是，熟悉的地方没有风景，别人走过的路上也不再有猎物。只有独辟蹊径，勇于创新，才能获取财富，才能找到你想要的答案。

失败的人只有一种，就是在抵达成功之前放弃的人

在历史上，平庸者成功和聪明人失败一直是一件令人惊奇的事。但你若是仔细分析，就会发下那些看似愚钝的人有一种顽强的毅力，一种在任何情况下都从不受任何诱惑、不偏离自己既定目标的能力。就像电影《阿甘正传》中的阿甘一样，认准一个目标后便坚持到底，永不放弃，以200%的努力去拼搏，最终创造出奇迹。

一位哲人说："90%的失败者其实不是被打败，而是自己放弃了成功的希望。"水烧到99℃不算开，最后只要再加热1℃，就能突破物理形态的临界线，从液态变为气态。"行百里者半九十"，最后的这十步路才是最难走、最危险的路。失败的人只有一种，那就是在抵达成功之前放弃的人。

这是美国淘金时代的故事：

青年农民达比卖掉自己的全部家产，来到科罗拉多州追寻黄金梦。他围了一块地，用十字镐和铁锹进行挖掘。经过几十天的辛勤工作，达比终于看到了闪闪发光的金矿石。继续开采必须有机器，他只好悄悄地把金矿掩埋好，暗中回家凑钱买机器。

当他费尽千辛万苦弄来了机器，继续进行挖掘时，不久就遇到了一堆普通的石头，达比认为：金矿枯竭了，原来所做的一切将一钱不值。他难以维持每天的开支，更承受不住越来越重的精神压力，只好把机器当废铁卖给了收废品的人，"卷着铺盖"回了家。

收废品的人请来一位矿业工程师对现场进行勘察，得出的结论是：目前遇到的是"假脉"。如果再挖三尺，就可能遇到金矿。收废品的人按照工程师的指点，在达比的基础上不断地往下挖。正如工程师所言，他遇到了丰富的金矿脉，获得了数百万美元的利润。

达比从报纸上知道这个消息，气得顿足捶胸，追悔莫及。

古罗马诗人奥维德曾说："忍耐和坚持虽是痛苦的事情，但却能渐渐地为你带来好处。"生活中，那些成功者和失败者之间往往没有多大的区别，只不过是失败者走了99步，而成功者比他们多走了1步而已。

一对从农村来城里打工的姐妹，几经周折才被一家礼品公司招聘为业务员。她们每月只有60美元的底薪，其他生活费用全靠推销礼品的提成，但姐妹俩对这份来之不易的差事十分看重，工作特别卖力。

她们没有固定的客户，也没任何关系，她们只能每天提着沉重的钟表、影集、茶杯、台灯、电话机、文具及各种工艺品的样品，沿着城市的大街小巷找企业，上学校，去政府机关，不厌其烦地一次次登门推销。5个多月过去了，她们跑断了腿，磨破了嘴，仍然到处碰壁，连一个钥匙链也没有推销出去。最初半年里，她们没拿过一分钱的提成，少得可怜的保底工资只够廉价的租房和简单的生活花费。无数次的失望消磨掉了妹妹最后的耐心，妹妹向姐姐提出两个人一起辞职，另谋高就。姐姐说，万事开头难，再坚持一阵子，兴许下一次就会有收获。

妹妹不相信下一次会有收获，只相信下一次可能有一个好工作，便不顾姐姐的劝说，毅然告别了那家公司。第二天，姐妹俩一同出门，妹妹按照招聘广告的指引到处找工作，姐姐依然提着样品四处寻找客户。那天晚上，两人回到出租屋时却是两种心境。一个神情沮丧，一个满脸喜悦，因为妹妹求职无功而返，姐姐的坚定却换来了回报，她终于拿到了第一个订单：这天，当她第四次登门找一家跨国公司时，她总算赶上了一个绝妙的机遇。这家公司要召开一个大型会议，向她订购了250套精美的工艺品作为与会代表的纪念品，总价值20多万元，她也因此拿到了2万元的提成，淘到了打工的第一桶"金"。从此，姐姐的业绩不断攀升，订单一个接一个地来。

6年过去了，姐姐不仅拥有了汽车，还拥有了100多平方米的住房和自己的礼品公司。而妹妹的工作却走马灯似的换着，至今仍一事无成，连吃饭穿衣也得靠姐姐资助。

妹妹向姐姐请教成功真谛。姐姐说："其实，我成功的全部秘诀就在于我比你只多了一次努力。"

马云有句话说得好："今天很残酷，明天更残酷，后天很美好，但绝对大部分人是死在明天晚上，所以每个人不要放弃今天。"世界上的许多事情，往往最后的那一道门槛是最难迈的，因为我们在长途跋涉的过程中早已精疲力竭、心力交瘁了。但这道门槛却是失败与成功的临界点，这边是黑暗，迈过门槛就是黎明。所以，要想成就一番事业，不到最后关头，千万不可轻言放弃。

市清村是日本理研光学公司的董事长，也是举世闻名的企业家，他年轻的时候，也曾经是一位保险销售员。

有一次，市清村试图劝说一位校长参加投保，可三个月内，他跑了有十几趟，每次那位校长都客气而又坚决地回答他说："很抱歉，我不想买保险。"最后，市清村终手放弃了，他回到家里，疲惫地对妻子说："我实在不想干了，三个月来我马不停蹄地奔波，可却一点收效都没有。"

妻子充满爱怜地看着他说："为什么不再试一次呢？说不定再坚持一下就成功了呢！"

"为什么不再试一次呢？"妻子的话给了市清村很大触动。第二天，市清村怀着再试一次的想法，穿戴整齐，又一次敲开了校长家的门。没想到，这一次，还没等市清村开口，校长竟痛快地说："好吧，我买你的保险。"屯清村愣在那里，真是又惊又喜。

自从那次成功以后，市清村的信心更足了，每推销一笔保险，他都坚持到底，直到最后成功。几个月后，他便成了他所在的九州地区最优秀的保险销售员。

后来，每次谈到自己成功的经验时，他都意味深长地说："我所有的成功都来自妻子的那句话——为什么不再试一次呢？"

伟大的思想家艾丽丝·亚当斯说："世上没有所谓的失败，除非你不再尝试。"放弃一步坚持，带来的可能就是全面的崩溃。再坚持一下，就离成功就更近一步。而在生活中，很多人就是因为缺乏"再坚持一下""再拼一拼"的决心而与成功擦肩而过。

世界上没有比脚更长的路，没有比人更高的山。再长的道路只要你勇敢地走下去，就一定能到达尽头。成功从来都不神秘，也不困难，只需要你在最后的关头"再坚持一下""再多走一步"。

成功者的字典里没有"不可能"这三个字

若干年来，人们一直以为要在4分钟内跑完1英里是绝对不可能的事，但在1954年，罗杰·班尼斯特就打破了这个世界纪录，他的成绩是3分59秒4。

班尼斯特之所以能创造这项佳绩，一来得归功于他的勤学苦练，二来得归功于他在精神上的突破。

当时，班尼斯特还是牛津大学医学院的一名学生，他发誓自己要成为第一个突破4分钟极限的人。这一强烈的信念一直存在于他的脑海里，如同给他的神经系统下了一道绝对命令。果然，他做到了大家都认为不可能的事。

班尼斯特因这一伟大的成就被国际田联授予终生成就奖，田联主席拉米·迪亚克评价说："毫无疑问，这次比赛所带来的戏剧性、激动和公众关注程度奠定了现代田径运动的发展。这是田径运动的历史转折点，就从这一刻开始，田径运动受到了关注，直到今天，全世界依旧激动于这个成就。用3分59秒4的成绩跑完1英里曾经被认为是不可能突破的障碍，但班尼斯特让自己成为了人类突破自身极限的永恒象征。"

班尼斯特也给其他的运动员带来了巨大的影响，6周后，澳大利亚运动员以3分58秒创新了纪录。同年共有37名运动员低于4分钟跑完1英里。到了1955年，总共有300多人打破了这个纪录。以后纪录有更多的人来打破，然后再也没有人去计算了。到了2006年，人类所创造的最好纪录是3分43秒。

美国工程学家乔治·格林说："'不可能'三个字只存在于你的心中，只要你能超越自己的心理极限，你会发现做什么事情都游刃有余。"为什么别人都认为不可能的事情，最终却成了现实呢？那是因为执行者抛弃了"不可能"的想法，勇敢地坚持了下去。

在现实生活中，很多颇有才华却默默无闻的人，都有个致命的弱点：他们不敢去主动承担那些有挑战性的工作，认为那些工作自己"不可能完成"。而对于成功者来说，越是不可能成功的事，就越可能成功。

一个农民，初中只读了两年，家里就没钱继续供他上学了。他辍学回家，帮父亲耕种三亩薄田。在他19岁时，父亲去世了，家庭的重担全部压在了他的肩上。他要照顾身体不好的母亲，还有一位瘫痪在床的祖母。

为了弄几个钱，他把一块水洼挖成池塘，想养鱼。但乡里的干部告诉他，水田不能养鱼，只能种庄稼，他只好又把水塘填平。这件事成了一个笑话，在别人的眼里，他是一个想发财但又非常愚蠢的人。

听说养鸡能赚钱，他向亲戚借了500元钱，养起了鸡。但是一场洪水后，鸡得了鸡瘟，几天内全部死光。500元对别人来说可能不算什么，但对一个只靠三亩薄田生活的家庭而言，不亚于天文数字。他的母亲受不了这个刺激，竟然忧郁而死。

他后来酿过酒，捕过鱼，甚至还在石矿的悬崖上帮人打过炮眼……可都没有赚到钱。35岁的时候，他还没有娶到媳妇。即使是离异的有孩子的女人也看不上他。因为他只有一间土屋，随时有可能在一场大雨后倒塌。娶不上老婆的男人，在农村是没有人看得起的。

但是他还想搏一搏，就四处借钱买了一辆拖拉机。不料，上路不到半个月，这辆拖拉机就载着他冲入一条河里。他断了一条腿，成了瘸子。而那辆拖拉机，被人捞起来，已经支离破碎，他只能拆开它，当做废铁卖。

几乎所有的人都说他这辈子完了。

但是后来他却成了H市里的一家公司的老总，手中有两亿元的资产。现在，许多人都知道他苦难的过去和富有传奇色彩的创业经历。许多媒体采访过他，许多报告文学描述过他。其中有这样一个情节令人印象极为深刻：

记者问他："在苦难的日子里，你凭什么一次又一次毫不退缩？"

他坐在宽大豪华的老板台后面，喝完了手里的一杯水。然后，他把玻璃杯子握在手里，反问记者："如果我松手，这只杯子会怎样？"

记者说："摔在地上，碎了。"

"那我们试试看。"他说。

他手一松，杯子掉到地上发出清脆的声音，但并没有破碎，而是完好无损。他说："即使有10个人在场，他们都会认为这只杯子必碎无疑。但是，这只杯子不是普通的玻璃杯，而是用玻璃钢制作的。"

在场的人都深有所悟：这样的人，即使只有一口气，他也会努力去拉住成功的手，除非上苍剥夺了他的生命……

面对人生的困境和挑战，很多人都喜欢抱怨："这是不可能的事！""这种事连神仙都完不成！"然而，他们口中所谓的"不可能的事"真的就是不可能的吗？天底下不可能的事情很少，而可能的事情却很多。一位成功人士说："只要有无限的热情，几乎没有一样事情不可能成功。"只要你能付出比常人更多的努力，坚定地向前走去，你就能变"不可能"为"可能"。

一位原籍上海的中国留学生刚到澳大利亚的时候，为了寻找一份能够糊口的工作，他骑着一辆旧自行车沿着环澳公路走了数日，替人放羊、割草、收庄稼、洗碗……只要给一口饭吃，他就会暂且停下疲惫的脚步。

一天，在唐人街一家餐馆打工的他，看见报纸上刊出了澳洲电讯公司的招聘启事。留学生担心自己英语不地道，专业不对口，他就选择了线路监控员的职位去应聘。过五关斩六将，眼看他就要得到那年薪三万五的职位了，不想招聘主管却出人意料地问他："你有车吗？你会开车吗？我们这份工作时常外出，没有车寸步难行。"

澳大利亚公民普遍拥有私家车，无车者廖若星辰，可这位留学生初来乍到还属无车族。为了争取这个极具诱惑力的工作，他不假思索地回答："有！会！"

"4天后，开着你的车来上班。"主管说。

4天之内要买车、学车谈何容易，但为了生存，留学生豁出去了。他在华人朋友那里借了500澳元，从旧车市场买了一辆外表丑陋的"甲壳虫"。第一天他跟华人朋友学简单的驾驶技术；第二天在朋友屋后的那块大草坪上模拟练习；第三天歪歪斜斜地开着车上了公路；第四天他居然驾车去公司报了到。时至今日，他已是"澳洲电讯"的业务主管了。

拿破仑曾经说过："不想当将军的士兵不是好士兵。"在生活中，那些一生庸碌无为的人，并不是天资不如别人，也不是碰到的机遇比别人少，而是他们太迷信"不可能"这个词了，总是说这不可能，那不可能，其结果是成功不可能，升职也变成了不可能。

世界上所有的成功者都有一个共同特点，那就是敢于向"不可能"挑战，在他们的字典里，没有"不可能"三个字，在他们的眼睛里，越是不可能的事情，越有可能成功。

勇敢地把帽子扔进围墙

杰克的父亲曾经拥有一艘名为"迪西"的摩托艇，后来他把它送给了儿子。起初杰克对摩托艇的故事一无所知，直到有一天他逃避了一件应该做的事，父亲才借题发挥说："把帽子扔过墙去！"

杰克困惑不解地问："这是什么意思？"

父亲说："面对一堵难以逾越的高墙，如果你迟疑不决，那就先把帽子扔过去，这样你就会想方设法翻到墙那边。我就是这样来到芝加哥的。"

杰克一直弄不明白，父亲在威斯康星州的雷因长大，为何离家别友来到芝加哥。对此父亲解释说："那年我才20岁，除了那艘摩托艇，什么都没有。记得在夏天的一个早上，我携带着一包衣服，驾船来到芝加哥的贝尔蒙特港。因为一时找不到工作，我一度要放弃自己的梦想，驾驶'迪西'返回雷因。然而我没有那么做，而是把帽子扔到墙那边。考虑到要想干一番事业，就必须有一笔资金，我果断地将'迪西'卖掉，切断了自己的退路。"

后来杰克的父亲到爱迪森联合公司工作，并在一次舞会上认识了杰克的母亲。经过勇往直前的奋斗，不仅在芝加哥成就了事业，也使全家人过上了富裕的生活。

苹果公司的创始人史蒂夫·乔布斯说："太多的事情令人感到遗憾，但最大的遗憾莫过于那些你没去做的事。如果我早点明白现在才明白的道理，我可以把事情做得更好些，但这又怎么样呢？关键是要把握好现在。生命是短暂的，不久以后我们都将走到尽头，这就是现实。"

的确如此，人生最可悲的事情，莫过于在我们回首往事的时候，发出这样的感叹："如果当时我再坚持一下，结果就不是现在这样了。"其实，许多事情做起来并不难，关键是看你有没有把帽子扔过墙的勇气。

一樵夫，上山砍柴，不慎跌下山崖，危急之际，他拉住了半山腰处一根横出的树干，人吊在半空，但崖壁光秃且高，爬不回去，而下面是崖谷。樵夫正不知如何是好，一老僧路过，给了他一个指点，说："放！"

既然往上走的路已经被堵死，吊在半空也不是长久之计，那就只有往下跳了。

也许可以顺着山势而下，缓和一点冲下去的重力；也许下面是个水潭，而你刚好是个游泳健将；也许下面什么都没有，只有乱石，你真的会死……但还是有生还的可能性，不是吗？

这故事给人们最大启发是人们对未知的态度。

在生活中或者生意场上，我们常常会碰到进退两难的局面，与其夹在中间等死，倒不如别浪费支撑的精力，将全副精神付诸一搏，跌下去会死，但已经无法爬上去了，就算搏个万分之一希望，毕竟还是有一线生机。

教人跳下悬崖找活路，是不是疯了？

如果你每次都把你的决定当成你的最后一线生机，那你就可以做到许多他人无法做也无法想象的事；如果你把每天都当成生活中的最后一天，那你的生活一定会很美好。谁也无法预测未来，更没人知道明天会发生什么。但在没有任何退路、别无选择的情况下，任何人都能充分地激活自己身体里的潜力，从而改变自己的命运。

杰瑞先生是一家企业的董事长，在金融危机的浪潮中，杰瑞的企业受到了严重的冲击，面临着破产的厄运。为此，杰瑞很苦恼，他找到了自己大学时的导师安德科先生，向他寻求改变自己现状的方法。

　　当他得知杰瑞的来意后，安德科并没有提出什么办法，只是邀请杰瑞参加下周一学校组织的一次比赛。

　　比赛那天，杰瑞如约而至。这次比赛的规则很简单，每位选手面前有四条通往目的地的道路，要求最快地到达目的地。

　　杰瑞随便选择了一条道路，在出发前，他将一根绳子系在自己身上。这样，即使这条路行不通，也可以顺着绳子原路返回。在这条路上，他不知走了多久，一直找不到出路，无奈之下，他只好顺着绳子原路返回了。

　　接下来，他又选择了第二条路。在出发前，他同样将一根绳子系在身上。可是，走了好久，他突然又感觉像进了迷宫一样。这次，他坚持着向前走。最后终于走出了这些迷宫一样的路。在他面前是一片森林，看上去更加难走。他走进森林，不久便迷失了方向。于是，他又顺着绳子返回了。

　　这次，他选择了第三条路。在出发前，他仍系了一根绳子在身上。这条路和前两条一样，同样遇到了迷宫般的小路。但有了前两次的经验，他很快就走了出去。此时，在他眼前仍然是一片密林。他没有办法，只好进入密林。可是，这片密林太难走出去了。费了九牛二虎之力，他终于走出了密林。杰瑞舒了一口气，继续向前走去。这时，前面出现一条大河。奇怪的是，这条大河上根本没有桥。看来，这条路是死路！杰瑞只好重新顺着绳子回到起点。

　　现在，只剩一条路了，而这条路也是杰瑞最后的选择了。这次，他没有系绳子。因为，即使系了绳子，自己也不可能再回来了。再回来就意味着没有出发。有了前三次的经验，他很快就通过迷宫，穿过密林，来到了一条大河前。看来，这四条路的路线有可能是一样的。站在河边，杰瑞别无选择。他只好纵身跳入河中，河水非常冰冷，不过好在水并不深，只到杰瑞的腰部。他淌着水过了河。当他走上河岸时，看到了不远处的目的地。同时，杰瑞还发现，目的地旁边有四个口子。原来，选择任何一条路都会到达终点。更令杰瑞不解的是，其他的选手都早已到达了目的地。

安德科先生看着面带惊诧的杰瑞说："其实，不管选择哪条路，只要勇敢地走下去，都会走向终点。但最关键的问题是，千万不要为自己留有退路。因为退路有时候就是阻止自己前进的绊脚索。"

此时，杰瑞终于明白了安德科先生的用意：人生，也不能为自己留有退路。

美国有一位哲学家说："如果你没有可以躺下的地方，你就不会轻易摔跤。"可见，只有把自己逼上绝境，才能最大限度地激发自己的潜能。不给自己留后路，从某种程度上来说，正是给自己一个向高地发起冲锋的机会。即使你拼尽全力却依然失败了，你可以很自豪地告诉自己："我已经做到了最好！我已经无怨无悔了！"

如果你现在面前也有一堵高墙，你感觉自己可能攀不过去，那就先把你的帽子扔过去吧。也许你会失败无数次，也许你会遍体鳞伤，但为了你的帽子你会发现翻过墙后将是另一个世界，你所受的这些伤痛都是值得的。

无需找什么借口，一无所有，就是拼的理由

有一次，《朝日新闻》的记者问日本著名的卡西欧计算机株式会社的创始人樫尾忠雄："您认为成功的秘诀是什么？"

樫尾忠雄回答说："当然是贫穷！我切身体会到，贫穷是父母亲所留下来最大的财产。因为贫穷，使人想到要奋发图强，从身无分文、白手起家创立事业，最终目的就是要赶快自贫穷中脱离嘛！我以前最常想的就是，要过像样的生活，要吃像样的食物……"

从一无所有到创立了自己的公司，樫尾忠雄从来都没有抱怨过自己的生活环境，更没有在遇到困难的时候选择退缩。最终，他战胜了命运，在事业上取得了伟大的成就。

在现实生活中，有无数的人都希望改变自己的命运，可是大多数的人却意志薄弱，害怕遭受失败，更害怕失去原本拥有的一切，所以总是给自己留条退路。这样一来，他们便没有孤注一掷的决心，最终归于失败。

一天，一家人正在吃晚饭，突然，闻到一股烧煳的味道。父亲打开门一看，原来邻居家起火，并且已经烧到自己家了。他慌忙喊出了妻儿，一家人奋力扑救，但房子和屋内所有的东西还是被大火吞噬了。望着被大火烧光的家，幼小的儿子问父亲："爸爸，我们的家没有了，我们该怎么办呢？"父亲却说："不，孩子，你说错了，我们的家不是没有了，只是要变得更好了，我们终于可以建造一个新家了。""可我们什么都没有了

呀！"儿子说。父亲摸着儿子的头说："是的，我们什么都没有了，也没有了拆不拆旧房子的顾虑和建不建新房子的犹豫。"

假如没有这场意外的火灾，这家人可能会一直住在旧房子里，但现在大火烧毁了房子，他们已经没有不建房的后路了，所以必须想方设法建造新房子。人生就是这样，有所退路，便不敢放手一搏；只有在一无所有时，才能全力以赴，所向无敌。

一个人无论做什么事，如果能抱着绝无退路的决心，勇往直前，就一定能到达成功的彼岸。相反，如果你信心不足，决心不定，时时想着撤退，那么你永远不会有出头之日。

秦朝末年，秦始皇死后，他的小儿子胡亥继位。由于秦王朝的残酷统治，各地农民纷纷起义反抗。公元前208年，刘邦和项羽两支队伍汇合，共同推举楚怀王的孙子做楚王，军威大震。这时，原来被秦国灭亡的魏、赵、燕、韩等国家，也乘机恢复起义，并与楚国结成反秦联盟。

有一年，秦国的三十万人马包围了赵国的巨鹿，赵王连夜向楚怀王求救。楚怀王派宋义为上将军，项羽为次将，带领二十万人马去救赵国。谁知宋义听说秦军势力强大，走到半路就停了下来，不再前进。

此时，军中已经没有粮食，士兵用蔬菜和杂豆煮了当饭吃，宋义却不管不顾，只顾自己举行宴会，大吃大喝。项羽忍无可忍，进营帐杀了宋义，并声称他勾结齐国反楚，楚王有密令杀他。将士们马上拥戴项羽代理上将军。项羽把杀宋义的事及原因报告了楚怀王，楚怀王只好正式任命他为上将军。

项羽杀宋义的事，震惊了楚国，并在各国有了威名。他随即派出两名将军，率2万军队渡河去救巨鹿。在获悉取得小胜并接到增援的请求后，他下令全军渡河救援赵军。

项羽在全军渡河之后，采取了一系列果断的行动：把所有的船只凿沉，击破烧饭用的锅子，烧掉宿营的屋子，只携带三天干粮，以此表示决心死战，没有一点后退的打算。

楚军士兵见主帅的决心这么大，就谁也不打算再活着回去。在项羽亲自指挥下，他们以一当十，以十当百，拚死地向秦军冲杀过去，经过连续九次冲锋，截断了秦军的补给线。负责围攻巨鹿的两名秦将，一名被活捉，另一名投火自焚。

在这之前，来援助赵国的各路诸侯虽然有几路军队在巨鹿附近，但都不敢与秦军交锋。楚军的拚死决战并取得胜利，大大地提高了项羽的声威。

时隔多年，我们仍能感觉到当年西楚霸王破釜沉舟，一举破秦的那股豪迈与气概。而在现在的很多年轻人身上，就缺乏这种破釜沉舟的气势。

良机千载难逢，稍纵即逝。那么，怎样使自己有一个坚定不移的态度来面对机遇呢？不妨学学项羽破釜沉舟、置之死地而后生的态度，敢于斩断自己的后路，使自己全身心地投入到眼前的事业中去，这样才有可能改变自己的命运。

有一个30多岁的中国农民，变卖了所有家产，跑到洛杉矶去找工作。一年下来，积蓄花了个干干净净，却没有找到工作的影子。最后他来到了著名的微软公司，应聘做一名清洁工。

在经过面试和实习以后，人事经理告诉他被录取了，向他要电子邮件地址以传发录取通知和其它的文件。

他说："我没有计算机，更别提电子邮件了。"人事经理告诉他："对微软来说，没有电子邮件的人等于不存在的人，所以微软不能用。"

农民很失望地走了出来，一摸口袋只剩下10美元。他一发狠，就把那10美元到菜市场全部换成土豆，然后挨家挨户去推销，没想到当晚土豆就全部推销出去了，10美元奇迹般地变成了50美元。

他惊喜之下，发现这条路可以去尝试，因为美国很多人平时比较忙，懒得跑去市场买菜。于是在接下来的日子里，他天天去菜市场进货，然后跑到各居民区里去推销。

五年后，他建立了一个很大的"挨家挨户"贩售的公司，提供人们只要在自家门口就可以买到新鲜蔬果的服务。他的资产超过百万元了，他考虑要为家人规划未来，于是计划买一份保险。签约时，业务员向他要电子邮件地址。他再次说出："我没有计算机，更别提电子邮件了。"

业务员很惊讶："您有这样一个大公司，却没有电子邮件。想想看，如果你有计算机和电子邮件，可以做多少事！"

他说："如果我有电子邮件，我今天就不是在这里做老板，而是在微软做一名清洁工！"

人生就如同一次漫长的旅行，在旅途中，遍布着形形色色的磨难和挫折，但是无论怎样，只有斩断自己的退路，义无返顾地往前走，才能达到最终的目的地——成功。

俗话说："当你没有东西可以失去的时候，那就是你得到的时候。"一个人只有站在悬崖边无路可走的时候，才会想方设法背水一战，而后脱离险境。所以，当我们难以驾驭自己的惰性和欲望，难以专心致志地前行时，不妨也采取一些"破釜沉舟"之举，自断退路，这样才能置之死地而后生。

第四章
成功人生，需要一颗冒险的心

　　不畏挑战、敢于冒险是每一名想要成功的人士都
应具备的心理素质。因为，真正阻碍你成功的，不是困
难，不是挫折，更不是竞争对手的打压，而是你的胆怯
心理。当你遇上害怕做的事情时，只要敢试一试，就会
觉得并没有什么，也没有你原先想象得那么可怕。

安于现状才是最大的冒险

人生本身就是一场冒险，世界上没有任何一件事是十拿九稳的，而成功者与失败者的一个重要区别在于他们是否相信自己的判断，是否敢于走出第一步，而不在于其能力或智力的高低。

在这个世界上，不知道每天有多少天才带着他们的梦想走进了坟墓。导致他们一生碌碌无为的最关键因素就是他们胆子太小，怕这怕那，没有勇气接受人生的挑战。

一次，有人问一个农夫是不是种了麦子。农夫回答："没有，我担心天不下雨。"那个人又问："那你种棉花了吗？"农夫说："没有，我担心虫子会吃了棉花。"于是那个人又问："那你种了什么？"农夫说："什么也没种。我要确保安全。"

一个人要是害怕冒险，就会像这个农夫一样，到头来什么也得不到，成功更不会找上他。因为做任何事情都会有危险存在，可以说危险无处不在。

美国前总统西奥多·罗斯福说："在人的一生中，没有什么是值得害怕的。唯一值得害怕的，只是害怕本身。"

比尔·盖茨说："所谓机会，就是去尝试新的、没做过的事。可惜在微软神话下，许多人要做的，仅仅是去重复微软的一切。这些不敢创新、不敢冒险的人，要不了多久就会丧失竞争力，又哪来成功的机会呢？"

在比尔·盖茨看来，冒险是成功的首要因素。在任何事业中，把所有的冒险都消除掉的话，自然也就把所有成功的机会都消除掉了。在比尔·盖茨的一生中，最一贯持续的特性就是强烈的冒险天性。他甚至认为，如果一个机会没有伴随着冒险，这种机会通常就不值得花心力去尝试。

比尔·盖茨最喜欢速度快的汽车和游艇，他私人拥有两辆保时捷汽车和两艘快速游艇，毫无疑问，这是他不断锤炼自己冒险性格的工具，他因而经常接到超速行驶的罚单。

一个人驾驶汽车到沙漠旅行，一个人驾驶飞机飞越崇山峻岭，一个人驾驶游艇遨游大海，这都是比尔·盖茨常做的。

不畏挑战、敢于冒险是每一名想要成功的人士都应具备的心理素质。因为，真正阻碍你成功的，不是困难，不是挫折，更不是竞争对手的打压，而是你的胆怯心理。当你遇上害怕做的事情时，只要敢试一试，就会觉得并没有什么，也没有你原先想象的那么可怕。

世界保险业的巨子克莱门提·史东在事业蒸蒸日上的时候，大萧条的寒流席卷了美国，许多中小工商企业倒闭，人们都想把钱存下来以度将来更艰难的日子，再也没有人想到史东的保险公司去投保了。史东冷静地面对现实，他认为："如果你在困难的时期以决心和乐观来应付，你总会有利益可得。"史东把自己的想法灌输给自己的部下，现在推销队伍只剩下200人，他带领着部下艰难奋战。

一度十分兴盛的宾夕尼亚伤亡保险公司因不景气而停业，并愿以160万元出售。史东得到这一消息，决心乘此良机将该公司买下来，但是，他没有这么多钱，他对自己说了句："现在就做！"然后带领律师走入了巴的摩尔商业信用公司董事长的办公室。

"我想买你们的保险公司。"

"很好，160万元。你有这么多钱吗？"

"没有，不过，我可以借。"

"向谁借？"

"向你们借。"

这真是一桩不可思议的买卖。但是，经过多次洽谈，商业信用公司还是同意了。克莱门提·史东买下宾夕尼亚伤亡保险公司，苦心经营，终于将一家微不足道的保险公司发展成为今日的美国混合保险公司，史东本人也跻身于美国富翁之列，其财产至少在5亿美元以上。

美国杜邦公司的创始人亨利·杜邦说："危险是什么？危险就是让弱者逃跑的噩梦，危险也是让勇者前进的号角。对于军人来说，冒险是一种最大的美德。"很多人之所以失败，最大的缺点就在于缺乏足够的勇气，不敢冒险，或者做事只凭心血来潮，三分钟热度，没有持久的恒心与毅力。其实，困难和风险也是欺软怕硬的，你强它就弱，你弱它就强。只要你敢于冒险，敢于向困难和风险进攻，你就能把它们远远地抛在身后。

摩洛·路易士的非凡成就来自两次成功的冒险，一次在20岁，一次在32岁。

19岁时，摩洛·路易士随家人一起迁到纽约。他在一家广告公司找到一份差事，每周14美元的薪酬。那时摩洛·路易士经常跑外勤，工作非常忙碌，成天疯狂地工作。6点下班以后，他还到哥伦比亚大学上夜校，主修广告学。有时候，由于没完成工作，下课后还会从学校赶回办公室继续完成工作。从晚上11点一直工作到第二天凌晨2点，是经常的现象。

摩洛·路易士喜欢具有创意的工作，他也确实有这方面的才能。

当20岁时，他放弃了广告公司颇有发展前景的工作，决心自己独闯一片天空。他开始了人生中的第一次冒险。他投身于未知的世界，从事创意的开发。他主要是说服各大百货公司，通过CBS电视公司成为纽约交响乐节目的共同赞助商。当时，这种工作对人们来说是陌生的，很难接受。于是，摩洛·路易士遇到了前所未有的困难。几乎所有人都认为他不会成功。

　　摩洛·路易士却仍就信心百倍地进行着说服工作。工作不久之后就有了相当大的进展：一方面，他的创意很受欢迎，与许多家百货公司签成合约；另一方面，他向CBS电台提出的策划方案也顺利被接受。成功近在咫尺了，但由于合约存在的一些小问题而中途流产。

　　但这并没使他一蹶不振。就在这件事结束之后不久，一家公司聘请他为纽约办事处新设销售业务部门的负责人，薪水也相当可观。于是，摩洛·路易士在这里充分发挥自己的潜力，施展了自己的才华。

　　几年后，摩洛·路易士又回到久别的广告业，担任承包华纳影片公司业务的汤普生智囊公司的副总经理。

　　当时，电视尚未普及，正处于起步阶段。但摩洛·路易士却看好这个行业的前景，开始了他人生中的第二次冒险。由他们公司所提供的多样化综艺节目，为CBS公司带来空前的效益。摩洛·路易士的冒险并不是孤注一掷，是看准后才下赌注的。最初两年，他仅是纯义务性地在"街上干杯"的节目中帮忙，没想到竟使该节目大受欢迎。从1948年开始到今天，整整40多年的时间，它的映播从未间断过，这是在竞争激烈的电视界内的奇迹。

　　摩洛·路易士的成功在于敢为天下先，敢于冒险。这也是多数人走向成功的一个共同因素。

　　其实，生命本来就是一场冒险，我们的生活更是时刻处在冒险之中。开车上班是一种冒险，爬山是一种冒险，坐飞机是一种冒险，游泳是一种冒险……人类如果失去了冒险精神，就不会有电灯泡的发明，就不会有炸药的诞生，更加不会有火箭升空的壮举。所以，想成功，就必须要有冒险精神。如果你希望成功又不敢冒险，那么对不起，你的一生将平淡无奇、毫无建树。

敢于冒险，才能成功

古语云："欲求其上上，而得其上；欲求其上，而得其中；欲求其中，而得其下。"在现实生活中，我们应该学会勇敢地追求更高的目标。然而，成功与风险往往是密不可分的，想要取得成功，就要学会去冒险。在漫长的生命旅程中，很多人都喜欢走平坦、舒适的道路，这样虽然可以省些力气，却往往与成功背道而驰。

有一天，龙虾与寄居蟹在深海中相遇，寄居蟹看见龙虾正把自己的硬壳脱掉，只露出娇嫩的身躯。寄居蟹非常紧张地说："龙虾，你怎么可以把唯一保护自己身躯的硬壳放弃呢？难道你不怕有大鱼一口把你吃掉吗？以你现在的情况来看，连急流也会把你冲到岩石上去，到时你不死才怪呢。"

龙虾气定神闲地回答："谢谢你的关心，但是你不了解，我们龙虾每次成长，都必须先脱掉旧壳，才能生长出更坚固的外壳，现在面对的危险，只是为了将来发展得更好而做准备。"

寄居蟹细心思量一下，自己整天只找可以避居的地方，而没有想过如何令自己成长得更强壮，整天只活在别人的护荫之下，难怪自己的发展一直受到了限制。

在这个世界上，有很多人往往具备了做大事的条件，可他们就是太怕风险、怕失败，做事畏首畏尾，当他们决定行动时，机会早已悄悄地溜走了。

第二次世界大战后期，盟军发动了一次进攻。盟军统帅艾森豪威尔在莱茵河附近散步时，遇到了一位上尉，他看上去心事重重。

"你有什么心事吗？"他问道。

"将军，"那年轻人回答，"我心情很糟糕。"

"是你的士兵让你心烦吗？"艾森豪威尔将军问道。

"不是的，将军，是我的长官，他让我率领少得可怜的士兵执行一个艰巨的任务。我认为这不大可能。"

于是，艾森豪威尔将军给这位年轻的上尉讲述了自己的经历：

"当年，我曾率领不到百名士兵攻占敌人的军事重地。在出发前，我也曾经疑虑重重，觉得兵力相差太悬殊，觉得根本没有可能攻下来。于是，我向长官解释敌人的地形，我军的劣势……但是我的长官只说了一句话：'没有什么不可能。'所以，我只能带着军队出发了，在激战中，我军马上就要被击垮了，但是我始终记得长官的那句话，最后以不可思议的顽强战斗完成了任务。"

艾森豪威尔还告诉那位年轻的上尉："当你从心里认为任务不能完成时，你就真的很难完成这个任务了。对于每个人来说，内心都有两股力量，其中一股是：'我一定行！我能办到！'另一股却是：'我办不到，放弃吧！'在遇到困境和磨难时，这两股力量的斗争会变得更加激烈。其实，自我怀疑和恐惧才是我们最大的敌人。"

德国著名的思想家康德说："人的心中有一种追求无限和永恒的倾向。这种倾向其实就是冒险。在勇冒风险的过程中，你就能使自己的平淡生活变成激动人心的探险经历，这种经历会不断地向你提出挑战，不断地奖赏你，也会不断地使你恢复活力。"

勇于冒险的美国人利奥·巴士卡利雅也说："希望就有失望的危险，尝试也有失败的可能。但是不尝试如何能有收获？不尝试怎么能有进步？不做也许可以免予受挫折，但也失去了学习和体验生活的机会。一个把自己限于牢笼中的人，是生活的奴隶，无异于丧失了生活的自由。只有勇于尝试的人，才拥有生活的自由，才能冲破人生难关。"

中国数千年以农业为基础的自然经济，使国人形成了一种安于现状、怕担风险的社会心理。我们的骨子里就比西方人少了些冒险精神。梁启超在《新民说·论进取冒险》中说："进取冒险精神，人有之则生，无之则死；国有之则存，无之则亡。欧洲民族之所以强于中国，其富于进取冒险精神乃是最重要的一个原因。"

当今时代，科学技术革命突飞猛进，经济全球化日益加快，我们必须在生活中进行新的尝试、新的冒险，才能够不被社会所抛弃。

一个年轻人离开故乡，准备去开创自己的事业，实现人生的梦想。他动身的第一站，是去拜访本族的族长，请求指点。他问族长："我的一生不能平庸。我不愿与草木同朽，我要与日月同辉，我要建立丰功伟绩，我该如何去做？"

老族长写了三个字：不要怕。然后抬起头来，望着年轻人说："孩子，人生的秘诀只有六个字，今天先告诉你三个，供你半生受用。"

十年后，这个年轻人建立起一个超级商业王国，取得了巨大的成就。他衣锦还乡，又去拜访族长。老族长几年前就去世了，家人取出一封密信对他说："这是族长生前留给你的，他说有一天你会再来。"

他这才想起，十年前，他在这里听到的只是人生秘诀的一半。他拆开信封，里面又是赫然的三个大字：有何怕！

当然，鼓励冒险，并不是鼓励蛮干。中国有句古话："六十算以上为多算，六十算以下为少算。"当你有60%以上的把握时，就要当机立断，大胆地去行动。冒险的过程是凶险的，但它开出的花是美丽的。"不入虎穴，焉得虎子"，成功需要一股必要的冒险精神。只有不惧怕任何困难、顶住压力、迎难而上，才会有成功的可能。

风险有多大，机会就有多大

在任何事业中，如果把所有潜在的风险都去掉的话，自然也把所有潜在的机会都去掉了。所以说，风险有多大，成功的机会就有多大。这就好像冒险是分子，成功是分母一样，面对风险你投入的冒险成分越大，那么成功的概率就越大。

机会与风险同在，敢于冒险，是走向成功的第一步。风险就如一座险滩，渡过了这座险滩，就会风平浪静，就是胜利的喜悦。

当麦当劳兄弟将快餐馆的生意经营得令人吃惊的火暴时，雷·克雷克还是一名美国芝加哥市经营纸杯和麦乳精搅拌机的推销商。

有一次，麦当劳快餐店一下子订购了八架麦乳精搅拌器，这引起雷·克雷克的注意。通过调查他发现，这么一个小小的快餐店，顾客竟能络绎不绝、熙攘盈门，由于顾客太多，麦当劳兄弟不得不请保安人员来维持秩序。

望着这些，雷·克雷克脑中划过了一道闪电般的大的创意灵感——他一下子就认定了巨大的商机就在眼前，并且他很快就下定了决心。他慷慨地向麦当劳兄弟提出，如果他们肯特许给他麦氏快餐店专营权的话，他将按销售收入的5%付给麦氏兄弟作为利润回报。当时很多人都说雷·克雷克是疯子。就这样，雷·克雷克开始同麦氏兄弟签约联袂打造起麦当劳快餐业这块"金字"招牌来。

到1960年时，雄心勃勃的雷·克雷克已将麦当劳连锁店发展到280家，而他自己也成了当时名副其实的世界级首富，是当之无愧的麦当劳第二代掌门人。

生活本来就是一场赌局，你永远不知道自己手里的牌能不能大过对方，冒险不一定成功，但至少有成功的可能，而不冒险呢？你就只能一辈子原地踏步，在失意的浅滩上徘徊，永远看不到未来的光明。

日本的大都不动产公司创始人渡边正雄曾是一个小商人，他发现不动产业是个有前途的行业，想去经营，但一没资金，二没经险，于是他决定去大藏不动产公司去工作，以便学习经验为自己创业打下基础。可大藏公司不愿接受他，无奈之下，他要求在大藏公司免薪工作一年。这一年渡边拼命工作，掌握了大量的信息和经验。在大藏公司想高薪聘用他时，他却离开了。他千方百计筹得了一些资金，开始从事经营房地产生意。

渡边免薪工作之举，看起来好像不算什么，但对于十分贫穷的渡边来说，却是冒着极大的风险的。

创业之初，有人向渡边推荐土地，那是一块有几百万平方米、价格便宜的土地，当时人迹罕至，没有道路，没有公共设施，但这块土地与天皇御用地邻近，能让人感觉好像与帝王生活在同一环境里，能提高个人的身份，满足自尊心。

但这块地向所有的地产公司推销过，却没人愿意买。渡边倾力筹借资金，先付部分押金果断地把地买了下来。同行们都嘲笑他是傻瓜，亲戚朋友也为他的冒险担心。渡边毫不介意，而是紧紧地抓住这个机会不放。

战后的日本，经济开始迅速发展。人们的收入增加，大家逐步对城市的噪音和污染感到厌恶，对大自然开始羡慕。渡边买下的这块山地充满了泥土的气息和宁静的景色，逐步有人感兴趣了。渡边乘势在报刊上大肆宣传那里的优美环境，招引一些富裕阶层前往订购别墅和果园。一些经营耕作的庄稼人，看到那里有民房出租和有耕地租用，大部分前来定居和从事种植蔬菜果树。

一年左右的时间，渡边就把这块几百万平方米的山地卖掉了八成，一下子使他赚到50亿日元。他利用赚来的钱投资修建道路、整地，并将剩下的二成土地盖成一栋栋别墅。经过3年时间，那块山地变成了一个漂亮的别墅城市，渡边所赚的钱也达到了数百亿日元之多。

渡边在总结自己的成功经验时说："我之所以能成功，就是因为我敢于冒险。我在选择一个投资项目时，如果别人都说可行，这就不是机会——别人都能看见的机会不是机会。我每次选择的都是别人说不行的项目，只有别人还没有发现而你却发现的机会才是黄金机会，尽管这样做冒险，但不冒险就没有赢，只要有50%的希望就值得冒险。"

当风险来临时，有人说："我们要快速果断离场，等风险过去后再卷土重来。"也有人说："我们不能慌张，要积极抓住每个机会，绝不能放过任何一个机会。"不同的人对待机会和风险的态度不一样，因而导致了不同结果。

机会始终是伴随风险出现的，世界管理大师德鲁克曾说："不要试着最大限度地去降低风险，你的职责是最大限度地扩大机会。"世界船王奥纳西斯也说："风险越大，赚钱的机会就越大。到别人认为是冷门的地方，你会赚到数不清的钱。"一分风险，一分财富，风险和利益往往是成正比的，不敢挑战风险的人，往往也无法拥有财富。

波音727飞机总设计师约翰·斯坦纳就是一个敢于承担风险，不断向未知世界挑战的人。

波音707是美国波音公司在1950年代发展的首架四喷射引擎发动民航客机，也是世界第一架在商业上取得成功的喷射民航客机。然而，这种飞机体型巨大，只有一些大型机场才能起降。航空公司期望，各飞机公司能研发出一种用于中短型航线、能于高海拔或短跑道的机场升降的喷射客机，运作成本要比707更低。

　　此时的波音公司业已陷入了财政危机，在这种情况下，启动另一种新型民用飞机的决策则意味着极大的风险，这也正是波音需要努力规避的风险。

　　然而，这款新型波音喷气式飞机，也就是波音727，后来其成为一场大胜的赌博。它最终成为了第一种销量超过1000架的民用喷气式飞机，以及历史上畅销的民用喷气式飞机之一。拥有易于识别的后掠式T形尾翼和尾吊式三发布局，外形时髦的波音727采用了很多新技术，并于1963年的2月成功首飞。

　　波音727诞生在一个新型飞机项目曾面临最困难的环境中。幸运的是，被赋予领导727项目职责的关键人物是总设计师约翰·斯坦纳。作为一位出色而专注的人物，斯坦纳对挑战有着充分的认识。当时，他说："波音727项目必须被列为一个高风险项目，因为其目标可以说是难以实现的。"

　　斯坦纳首先着手于一个简单的目标："研制出一种可以将喷气式航空服务带到较小城市的飞机。我们想给更多的人们带来航空旅行的机会，而不仅仅是那些认为自己可以负担起机票的人们。"

　　为了设计这种快速、安静、可靠的，能够在较小的机场上运行的喷气式飞机，来自技术部门的团队发明了一种全新的机翼设计，即率先采用了创新的三缝襟翼和诱导前缘升力设备。外形整洁的后掠式机翼可以让飞机高速飞行，超越其竞争机型。其他技术创新包括民用飞机上首先采用的辅助动力装置。这些特征使得波音727能够在1500米以内的跑道上起降。另外，波音727在飞机试飞取证阶段进行了一次世界巡展。这次巡展非常好地帮助了波音727树立了区别于其竞争机型的形象，因而开始大量获得订单。

　　1960年12月5日，经过近5年的紧张研究工作、考虑了150多种设计方案后，波音终于宣布启动波音727飞机项目。作为启动用户，美国联合航空和东方航空分别首批订购了40架飞机。

经过一年的测试后，727投入使用，其表现甚至超过了广告宣传。727的实际性能要比波音最初的预计要高10%。

波音727的早期成功被波音总裁威廉·艾伦风趣地记录了下来："我一生中有几个梦想……其中之一是一家大型航空公司客户打电话给我，不是咒骂我，而是告诉我说，他对一种出色的飞机深感满意，甚至比他要求的还要好。这就发生在了波音727身上。我们在这个飞机项目上做得非常好。"

1984年9月，经过22年的生产后，1832架波音727中的最后一架727-200货机交付联邦快递。一度"风险巨大"的波音727成为了历史上畅销的民用喷气机之一。

机会往往蕴藏在风险之中，敢于"刀头舔血"，这是任何一个想要做大事的人必须具备的素质。人生之舟随时都有触礁的危险，要想成功，就必须要有"与风险亲密接触"的勇气，否则，成功只会向别人招手。

冒险不等于莽撞蛮干

新加坡著名经济学家章征兆说："大凡那些出色的经济学家，首先是一个数学家，也会是一个出色的政治家和心理学家，并且永远都是一个敢下赌注的高手。"有时候，人生就是一场豪赌，只有敢做赌徒、敢下赌注的人才能成功。但冒险并不等于莽撞蛮干，而应该建立在理性分析的基础之上。如果你不顾实际，一味胡闯蛮干，最后的代价很可能就是一败涂地。

一个人问一个哲学家，什么叫冒险，什么叫冒进？哲学家说，比如有一个山洞，山洞里有一桶金子，你进去把金子拿了出来。假如那山洞是一个狼洞，你这就是冒险；假如那山洞是一个老虎洞，你这就是冒进。这个人表示懂了。哲学家又说，假如那山洞里的只是一捆劈柴，那么，即使那是一个狗洞，你也是冒进。

这个故事告诉我们，冒险是这样一种东西，你经过努力，有可能得到，而且那东西值得你得到；冒进则是虽然你冒了风险，却依然得不到，或者得到的东西没有实际的用处。

人称"新疆首富"的孙广信，以6亿美元的身家高居2002年《福布斯》中国富豪榜第3位。在还没发迹之前，孙广信只是在乌鲁木齐做一些拼缝之类的小生意。这样的小生意人在商业传统悠久的乌鲁木齐多得是。

孙广信起家于做酒楼。1989年秋季的一天，孙听说有一家专做粤菜的广东酒楼的老板因为欠债跑掉了。孙广信跑到那里一看，嗯，这个酒楼不错，地理位置好，门面也不赖，行，可以做，是个机会。当时就借了67万元把这个广东酒楼盘了下来，又从广东请来好厨师，进了活海鲜，鱼、虾、鳖、蟹，还有活蛇。此前孙广信从来没有做过餐饮业，新疆人又吃惯了牛羊肉，对生猛海鲜不感兴趣，感兴趣的人也不敢轻易下箸。头4个月亏了17万元，亏得孙广信眼睛发直。他坚持了下来，通过猛打广告猛优惠，将客源提了上来。孙广信从酒店里赚到了钱。

中国的酒楼多得是，赚钱的老板都不少，为什么现在只有孙广信出名呢？因为孙广信没事就在酒楼里观察他的顾客，琢磨他的顾客。有一回，一个客人一下定了一桌5000元的酒席，把孙广信吓了一跳。在当时5000元可不是一个小数。他一琢磨，什么人这样有钱，出手这样阔绰？一打听，原来是做石油的。再一打听，乖乖，了不得，原来做石油这么肥，这么来钱呢，于是孙广信就开始转行做石油。后来孙广信成了《福布斯》中国富豪。

一个人要想成功，必须要有胆识才行。"胆识"包含两层意思，"胆"是指胆量，"识"是指知识，这两者缺一不可。如果你只有胆量而没有见识，一味地瞎闯蛮干，那只能自己被撞得头破血流，却没有任何结果。

大名鼎鼎的"土豆大王"辛普洛特就是凭借他无与伦比的胆识发家，并且跻身当今世界上100位最有钱富翁之列的。

在二战爆发后，辛普洛特获知作战部队需要大量的脱水蔬菜。他断定这将是一个绝好的赚钱机会，于是买下了当时全美最大的一家蔬菜脱水工厂。他买到这家工厂后，专门加工脱水土豆供应军队，从此，辛普洛特走上了靠土豆发家的道路。

20世纪50年代初，一家公司的化学师第一个研制出了冻炸土豆条。那时许多人都轻视这种产品。有的人说："土豆水分占3/4还多，假如把它冷冻起来，就会变成软糊糊的东西。"可是辛普洛特却认准了这是一种很有潜力的新产品，即使冒点儿风险也值得，然后，他便大量生产，不出所料，

"冻炸土豆条"在市场上很畅销，并成为他赢利的主要来源。

又过了一段时间，辛普洛特发现，"炸土豆条"并没有把土豆的潜力彻底地挖掘出来。因为，经过炸土豆条的精选工序——分类、去皮、切条和光传感器去掉斑点，每个土豆大概只有一半得到利用，余下的通常都被扔进了河里。辛普洛特当时就想，为什么不能把土豆的剩余部分再加以利用呢？不久，他把这些土豆的剩余部分掺入谷物用来做牲口饲料，单是用土豆皮就饲养了15万头牛。

1973年年底，石油危机爆发了，用替代能源代替石油是形势的需要。辛普洛特瞄准了这个难得的机会，用土豆来制造以酒精为主要成分的燃料添加剂。这种添加剂可以提高汽油的燃烧值和降低汽油燃烧所造成的污染，颇受用户欢迎。为了做到物尽其用，辛普洛特又用土豆加工过程中产生的含糖量丰富的废水来灌溉农田，他还把牛粪收集起来，作为沼气发电厂的燃料。

辛普洛特利用土豆构筑了一个庞大的帝国。他每年销售15亿磅经过加工的土豆，其中有一半供应麦当劳快餐店做炸土豆条。他从土豆的综合利用中，每年取得12亿美元的高额利润。如今辛普洛特究竟拥有多少财富，难以计数。

辛普洛特成功后，很多人都用羡慕的眼光说："他真是太幸运了，怎么什么好事都让他赶上了呢？"真的是这样吗？辛普洛特并没有坐等天上的馅饼掉下来，而是通过精确的分析判断，有步骤、有计划地进行他的事业的。

成功需要胆识，需要冒险，但在冒险之前，你一定要分清楚哪些事值得做，哪些事不值得做。如果你一点把握都没有就盲目冒险，那你下的赌注越大，赔的就越多，离成功也就会越远。

第五章
英雄都是"逼"出来的

　　"尽力"是以消极的心态去看待、思考问题的，一旦有了"尽力"这个想法，我们做起事来便会小心翼翼、畏首畏尾、缺乏激情；"拼命"是以积极正面的心态去看待、思考问题的，有了"拼命"的心态，你才会排除一切杂念和干扰，以"不破楼兰终不还"之势向前，这样一来，全世界都会为你让路。

坚持一次只做一件事

为什么我们老感觉被工作压得筋疲力尽，喘不过气来？其原因不光是因为我们工作的时间很长，还因为我们在长时间地同时为太多事情而忙碌。

仔细想想，你是不是一边开车一边打电话？你是不是一边开会一边发邮件？你是不是把笔记本带去餐馆然后一边吃饭一边上网？

这样一来，你所蒙受的最大损失，便是你的工作效率。英国博物学家赫胥黎说："时间是最不偏私的，给任何人都是二十四小时。同时，时间是最偏私的，给任何人都不是二十四小时。"的确如此，一个成功的人一日拥有24小时，一个失败的人也拥有24小时。就时间的长短来说，上天是公平的，但是，把同样的工作交给不同的人，他们完成所耗费的时间却各有不同。这就是因为有些人会管理时间，而有些人只会浪费时间。

日本的茶道举世闻名，但很多西方人却不了解它的内涵。一天，一位日本艺术家带着一位哈佛大学的教授认识日本茶道。在农舍前，看到老妇人蹒跚而来只带一个茶碗，又走出去提来铜壶，然后端出茶盘。每次只带一件东西。艺术家说：这就是茶道。

明白了吧？原来茶道精神是：每次只做一件事情。

很多人忙起来恨不得有"三头六臂"。其实，工作一件件地做，不仅效率更高，还会让你感觉更轻松。

世界上最紧张的地方可能要数只有10平方米的纽约中央车站问询处。每一天，那里都是人潮汹涌，匆匆而过的旅客都争着询问自己的问题，都希望能够立即得到答案。对于问询处的服务人员来说，工作的紧张与压力可想而知。可柜台后面的那位服务人员看起来一点也不紧张。他身材瘦小，戴着眼镜，一副文弱的样子，显得那么轻松自如、镇定自若。

在他面前的旅客，是一个矮胖的妇人，头上扎着一条丝巾，充满了焦虑与不安。问询处的先生倾斜着上半身，以便能倾听她的声音。这时，有位穿着入时，一手提着皮箱，头上戴着昂贵的帽子的男子，试图插话进来。但是，这位服务人员却旁若无人，只是继续和这位妇人说话："你要去哪里？""春田。""是俄亥俄州的春田吗？""不，是马萨诸塞州的春田。"

他根本不需要行车时刻表，就说："那班车是在10分钟之内，在第15号月台出车。你不用跑，时间还多得很。"

"你是说15号月台吗？""是的，太太。"

女人转身离开，这位先生立即将注意力转移到下一位客人——戴着帽子的那位身上。但是，没多久，那位太太又回头来问一次月台号码。"你刚才说是15号月台？"这一次，这位服务人员集中精神在下一位旅客身上，不再管这位头上扎丝巾的太太了。

他曾这样回答好奇地采访他的人："我并没有和公众打交道，我只是单纯处理一位旅客。忙完一位，才换下一位，在一整天之中，我一次只服务一位旅客。"

"在一整天之中，我一次只服务一位旅客。"这话堪称至理。"一次只做一件事"，可以使你静下心来，一心一意地把那件事情做好。如果你好高骛远，什么都想干，最终只能是什么都干不成，什么都干不好。

在第二次世界大战期间，有位在收发室工作的军人叫米诺。他肩负着沉重的任务，每天都得马不停蹄地整理在战争中死伤和失踪者的最新纪录。

源源不绝的情报接踵而来，收发室的人员必须分秒必争地处理，一丁点的小错误都可能会造成难以弥补的后果。

在压力和疲劳的袭击之下，米诺患了结肠痉挛症。身体上的病痛使他忧心忡忡，他担心自己是否能活着回去见到家人。

一天，米诺终于不支倒地，被送进医院。军医了解他的情况后，语重心长地对他说："米诺先生，你身体上的毛病其实没什么大不了，真正的问题是出在你的心里。"

"嗯？"

军医接着说道，"我希望你把自己的生命想象成一个沙漏。当成千上万的沙子流过中间那条细缝时，都是平均而且缓慢的，除非弄坏它，你跟我都没办法让很多沙粒同时通过那条窄缝。人也是一样，每一个人都像是一个沙漏，我们必须一次一件慢慢来，否则我们的精神绝对承受不了。"

军医的忠告给米诺很大的启发。从那以后，他就一直奉行着这种"沙漏哲学"，即使问题如成千上万的沙子般涌到面前，米诺也能沉着应对，不再杞人忧天。他反复告诫自己说："一次只流过一粒沙子，一次只做一件工作。"

一个人的精力是有限的，所以你应该明白在工作中先做什么，再做什么，最后做什么，充分运用好"80/20原则"，即：用80%的时间做能带来最高回报的事情，而用剩下20%的时间做其他事情。彻底完成一件事后，再开始做下一件事，这样才能提高效率。

伯利恒钢铁公司总裁查理斯·舒瓦普曾经为了提高公司业绩而求助于效率专家艾维利。艾维利告诉舒瓦普能够帮助他把钢铁公司管理得更好。舒瓦普则表示他自己懂得如何管理，但事实上公司业绩不尽如人意，他需要的不是更多的知识，而是更多的行动。他告诉艾维利："应该做什么，我自己是非常清楚的。如果你能告诉我们如何更好地执行这些计划，我可以听你的，在合理范围之内价钱由你来决定。"

艾维利说可以在10分钟内给舒瓦普一样东西，这东西能把他公司的业绩提高至少50%。然后他递给舒瓦普一张空白纸说："在这张纸上写下你明天要做的6件最重要的事。"接着又说："现在用数字标明每件事情对于你和公司的重要性次序。"这花费了大约5分钟。艾维利接着说："现在把这张纸放进口袋。明天早上第一件事就是把这个纸条拿出来，处理第一项。不要看其他的，只看第一项。着手办第一件事，直至完成为止。然后用同样方法对待第二项、第三项……直到你下班为止。如果你只做完第五件事，那不要紧。因为你总是做着最重要的事情。"

艾维利又说："每天都要这样做。当你对这种方法的价值深信不疑之后，叫你公司的人也这样做。这个试验你爱做多久就做多久，然后给我寄支票来，你认为值多少就给我多少。"

整个会见历时不到半小时。几个月之后，舒瓦普给艾维利寄去一张2.5万美元的支票，还有一封信。信上说，从钱的观点看，那半小时是他一生中最有价值的一课。后来有人说，5年之后，这个当年不为人知的小钢铁厂一跃而成为世界上最大的独立钢铁厂，艾维利提出的方法功不可没。这个方法为舒瓦普赚了一亿美元。

有人曾问爱迪生："成功的第一要素是什么？"爱迪生回答说："能够将你身体与心智的能量锲而不舍地运用在同一个问题上而不会厌倦的能力……你整天都在做事，不是吗？每个人都是。假如你早上7点起床，晚上11点睡觉，你做事就做了整整16个小时。对大多数人而言，他们肯定是一直在做一些事，惟一的问题是，他们做很多很多事，而我只做一件。"

一个人如果聚精会神地只做一件事，做好的可能性就比较大；如果东也想顾，西也想顾，眉毛胡子一把抓，那么，到头来只会陷入各种繁琐的事务中，每天处于疲于奔命的状态。

所以，一次只做一件事吧！忙碌的你，不要在接电话时发邮件或者是整理材料了，找一张舒服的椅子坐下来，一心一意地打电话吧。

勇敢地去做你害怕的事

有位推销员因为常被客户拒之门外，慢慢患上了"敲门恐惧症"。他去请教一位大师，大师弄清他的恐惧原因后便说："你现在假如站在即将拜访的客户门外，然后我向你提几个问题。"

推销员说："请大师问吧！"

大师问："请问，你现在位于何处？"

推销员说："我正站在客户家门外。"

大师问："那么，你想到哪里去呢？"

推销员答："我想进入客户的家中。"

大师问："当你进入客户的家之后，你想想，最坏的情况会是怎样的？"

推销员答："大概是被客户赶出来。"

大师问："被赶出来后，你又会站在哪里呢？"

推销员答："就——还是站在客户家的门外啊！"

大师说："很好，那不就是你此刻所站的位置吗？最坏的结果，不过是回到原处，又有什么好恐惧的呢？"

推销员听了大师的话，惊喜地发现，原来敲门根本不像他所想象的那么可怕。从这以后，当他来到客户家门口时，再也不害怕了。他对自己说："让我再试试，说不定还能获得成功，即使不成功，也不要紧，我还能从中获得一次宝贵的经验。最坏最坏的结果就是回到原处，对我没有任何损失。"这位推销员终于战胜了"敲门恐惧症"。由于克服了恐惧心理，他当年的推销成绩十分突出，被评为全行业的"最优秀推销员"。

在我们每个人的心中，都藏着一个名叫"恐惧症"的小魔鬼，它会时不时地跳出来，趁你不注意时偷袭你。

一个人面临的最大敌人就是恐惧。恐惧会给你的生活带来巨大的阻力，会对你的身心健康、家庭关系、社交生活等造成不同程度的影响。在这个世界上，不知道有多少人害怕过去、害怕未来、害怕衰老、害怕死亡。但恐惧只是你心里的一个想法，令你感到害怕的只是你自己的思想。

罗夫·华多·爱默生说："去做你害怕做的事，害怕自然就会消失。"戴尔·卡耐基也说："只要下定决心克服恐惧，便几乎能克服任何恐惧。因为，请记住，除了在脑海中，恐惧无处藏身。"恐惧就如同弹簧一般，你强它就弱，你弱它就强，你越躲着它，避着它，它越欺人太甚，只有你蔑视它，挑战它，才有可能战胜它。

汤姆森是一家文化传媒公司的总经理。他刚到公司的时候，从事的是广告业务员的工作。当时他的上司是一位十分能干的人。一日，这位上司找到汤姆森，并对他说："你非常优秀，我相信你能够变得更加优秀。有一件事我希望你能同意，以后将对你的薪金做出调整，我的意思是说，以后你的底薪没有了，只按广告费抽取佣金，当然抽取的比例要比以前更大。"显然，这给汤姆森带来了一定的压力，而且对于汤姆森当时的生活情况来说，无异于给汤姆森出了一个大大的难题。但汤姆森知道上司这样做自然有他的道理，何况这也是给自己一个锻炼的机会，汤姆森决定接受这个挑战。

汤姆森马上开始了新一轮的工作，他列出一份名单，准备去拜访一些不好对付但十分重要的客户，这些客户都是其他的业务员害怕与之接触的，而且他给自己定下了两个月的期限。其他业务员认为要想争取到这些客户无异于天方夜谭，而汤姆森却满怀信心地一一拜访客户。

第一天，他以自己的努力和智慧与10个"不可能的"客户中的两个谈成了交易；在第一个月的其他几天里，他又成交了两笔交易；到了月底，10个客户中只有一个还不买他的广告。同事们都认为汤姆森已经算是大功告成了，至于剩下的那个"难缠的老头儿"，已经没必要再在他身上浪费时间了，但汤姆森依然没有放弃。第二个月，汤姆森一边发掘新客户，一边锲而不舍地说服那位老人。每天清晨，那位老人一开商店的大门，汤姆森就进去和他谈广告的事情，而那位老人总是回答："不！"

第二个月就要过去了，这一天汤姆森又来到了老人的商店，这位老人的口气缓和了许多："你已经浪费了两个月的时间在我身上，我现在想知道的是，你为什么要这样做？"

"我并没有浪费时间，和你打交道本身就是一种收获，即使你不买我们公司的广告，我也从你身上锻炼了自己克服困难的意志。"

那位老人笑了："年轻人，你很聪明，也十分踏实肯干，我相信拥有你这样员工的公司一定是一家优秀的公司，我决定买一个广告版面。"

美国的一项心理研究发现：当人们觉得凭借自己的能力无法完成一件事或者将会搞砸一件事的时候，恐惧感就会由此产生。但是，假如你去尝试，你常常会意识到，很多时候这种恐惧感其实是毫无依据的。所以，当你遇上害怕做的事情时，只要敢于试一试，就会发现事情远没有你想象的那么可怕。

从前，有一户人家的菜园里有一颗大石头，宽度大约有四十公分，高度有十公分。到菜园的人，不小心就会踢到那颗大石头，不是跌倒就是擦伤。

儿子问："爸爸，那颗讨厌的石头，为什么不把它挖走？"

爸爸这么回答："你说那颗石头？从你爷爷时代，就一直放到现在了，它的体积那么大，不知道要挖到什么时候，与其没事挖石头，不如走路小心一点，还可以训练你的反应能力。"

过了几十年，这颗大石头留到下一代，当时的儿子当了爸爸，而且还成了公公。

有一天儿媳妇气愤地说："爸爸，菜园那颗大石头，我越看越不顺眼，改天请人搬走好了。"爸爸回答说："算了吧！那颗大石头很重的，可以搬走的话在我小时候就搬走了，哪会让它留到现在啊？"

媳妇心里非常不是滋味，那颗大石头不知道让她跌倒多少次了。

有一天早上，媳妇带着锄头和一桶水，将整桶水倒在大石头的四周。

十几分钟以后，媳妇用锄头把大石头四周的泥土搅松。

媳妇早有心理准备，可能要挖一天吧，谁都没想到几分钟就把石头挖起来了，看看大小，这颗石头没有想象的那么大，大家都是被它巨大的外表蒙骗了。

怕了一辈子鬼的人，一辈子也没见过鬼，恐惧的原因是自己吓唬自己。世界上没有什么事能让人真正地感到恐惧，恐惧只不过是人人心中的一颗顽石罢了。只要你端正思想，改变自己目前的心态，挖走心中的"顽石"，就会重新走出一条光明的路来。

美国前总统西奥多·罗斯福在他的自传中写道："有一次，我读到一本书，其中有一段谈到一位英国军舰舰长告诉主人公怎样克服恐惧：'人们可以装作不害怕的样子，时间一长，假的就不知不觉变成真的了。'我相信了这种说法。那时我害怕的东西多得很，从大灰狼、劣马到拿枪的士兵，见了就想躲。后来我让自己装出不怕的样子，慢慢果然就不怕了。我想，人们只要愿意，可能都会有这样经验的。"

很多事情看似很难，其实一点都不难。只有那些相信自己，敢于直面恐惧的人，才能成就伟大的事业，才能留名千古。所以，当你害怕一件事的时候，你就大胆去做吧，也许你一步跨过去，就会看到另一片天空了。

光尽力不够，还要拼命

一天，猎人带着猎狗去打猎，猎人一枪击中了一只兔子的后腿，受伤的兔子开始拼命奔跑，猎狗在猎人的指示下飞奔着去追赶兔子，可是追着追着，兔子就不见了，猎狗只好悻悻而回。猎人开始骂猎狗："没用的东西，连一只受伤的兔子都追不上！"猎狗听了很不服气："我尽力而为了呀！"

兔子终于跑回了洞里，它的同伴在庆幸的同时也感到很惊讶："那只猎狗那么凶，你还受了伤，怎么跑得过它的？"受伤的兔子说："他是尽力而为，而我是全力以赴，它没追上我最多挨一顿骂，而我若不全力以赴的话，我就没命了！"

在做一件事情之前，很多人心里想的是："我尽力就行了"，而只有少数人才会坚定地想："我一定得拼命"，这两种想法看似没有多大的区别，但带来的后果却是大相径庭的。

"尽力"是以消极的心态去看待、思考问题的，一旦有了"尽力"这个想法，我们做起事来便会小心翼翼、畏首畏尾、缺乏激情；"拼命"是以积极正面的心态去看待、思考问题的，有了"拼命"的心态，你才会排除一切杂念和干扰，以"不破楼兰终不还"之势向前，这样一来，全世界都会为你让路。

身高1.64米，体重不到60公斤的林义杰是个貌不惊人的小伙子，但他却一直奔跑在超级马拉松的赛道上。他的赛场，始终是地球上最为危险的地区。

如果不是个性执拗，原本成绩优秀的他，或许不会走上这条看不到终点的旅途。

父亲曾含泪劝他："阿杰，学体育没出息的！你好好听我劝。"在这个没上过大学的老维修工心里，好好读书，做个拿笔杆子的文化人，才是正途。

实际上，是高中的一次比赛让林义杰确信，奔跑就是自己的"正途"。那次比赛前，教练问他准备好了没有，他说："我尽力。"教练却狠狠地打他的头，叫着："要拼命！"

"尽力，就是你跑到终点后，还有力气坐下来喝茶聊天；拼命，就是跑到终点后直接送医院。"林义杰说。凭着这股狠劲儿，这个台湾小伙子接连在世界上几个大型马拉松赛事中夺冠。

渐渐地，他发现，单纯的比赛已经不能满足他对运动的渴望。他的目光开始瞄准地球上最艰险的地区。

智利的阿塔卡马沙漠，历来被人称为"地球上最像火星的地方"。2004年，一场7天6夜、全程270千米的超级马拉松赛正在进行。

比赛的路标被狂风吹没了，随身携带的饮用水也早已喝完，而血糖像气压计的水银柱一样直线下降。此刻，林义杰和同伴坐在一块黝黑的大岩石上喘着气，互相取笑："如果我们再找不到出路，就死在这里好了。这块岩石很醒目，或许很快就会有人发现我们的白骨。"

但他最终逃过了这一劫。凭借之前穿越中国戈壁滩的经验，3个小时之后，林义杰找到了正路，一举拿下了智利阿塔卡马沙漠超级马拉松赛的冠军。那年，他28岁。

想起那次死亡经历，林义杰至今"腿还会发抖"。可那场经历仅过去一个月，他便又签下死亡协议书，在神秘的亚马逊雨林捧回了亚军奖杯。

这个世界上最可怕的事，莫过于比你聪明的人比你还拼命。要想在有生之年成就大业，就必须对你所做的事情全力以赴，拼命让事情朝着好的方向发展。正如施瓦辛格所说："你必须把注意力百分之百地集中在你正在做的那件事上。心里不应该有任何杂念，也不能让感情来干扰。否则，你的主要精力就会朝另一个方向流走，就不会帮你比赛或者用在赚钱上。"

成龙是国际功夫电影巨星，他在演艺界有"拼命三郎"之称。有一次在接受采访时，他这样说道："我也不想坐着轮椅度过下半生，我也问过自己'拍电影需要这么拼命吗'。但不拼命的话，我们拿什么来和好莱坞比拼？在特技方面、科幻方面，我们的确与他们有很大的差距，我们只能拍这种真真切切的功夫片，用这种拳拳到肉的真打跟好莱坞对抗。这个环境逼得我不得不去拼命。"

纵观成龙的职业生涯，他身体受伤的部位从头到脚多达17个，其中仅仅鼻梁就受伤4次。以下为成龙在拍摄电影时的受伤记录：

1975年，拍摄《少林门》时被打致完全失去知觉；

1978年，拍摄《醉拳》时眉骨受伤，眼角被踢爆；

1978年，拍摄《蛇形刀手》时被踢掉一颗牙齿；

1980年，拍摄《师弟出马》时鼻骨撞裂；

1982年，拍摄《龙少爷》时下腭撞伤；

1983年，拍摄《A计划》时颈骨重伤，鼻骨再次撞裂；

1985年，拍摄《威龙猛探》时伤手和指骨；

1985年，拍摄《警察故事》时脊椎骨第6-8节及骨盆撞到移位；

1986年，拍摄《龙兄虎弟》时脑出血，左耳头骨凹陷，碎骨内移；

1990年，拍摄《飞鹰计划》时胸骨被打裂、移位；

1992年，拍摄《超级警察》时面颊骨撞至移位；

1993年，拍摄《城市猎人》时被撞伤膝部，右肩扭伤、接脱臼；

1994年，拍摄《重案组》时扭伤大腿；

1995年，拍摄《霹雳火》时脚骨在开车时撞裂；

1996年，拍摄《白金龙》时嘴部撞裂；

1997年，拍摄《一个好人》时跳桥撞伤鼻骨，高空坠下，伤颈骨；

1998年，拍摄《我是谁》时左边肋骨和脚踝受伤；

2001年，拍摄《特务迷城》时尾椎软骨受伤；

2002年，拍摄《飞龙再生》时眼部受伤、当场血流满面；

……

正是由于成龙的这股拼命精神，才使他跻身于好莱坞知名影星之列，并于2012年8月24日在《纽约时报》评选的"史上20位最伟大动作巨星"中排名第一，名列施瓦辛格和史泰龙之前。

那么，对于一个人而言，"拼命"到底意味着什么呢？

对于马拉松选手来说，它是"感觉体力用尽之后，再多支撑1000米路"；对于拳击选手来说，它是"被打倒无数次之后还能爬起来"；对于士兵来说，它是"不管山头上有多少敌军，先把它攻下来再说"。

人生需要拼命，工作更需要拼命，任何一个组织都极其需要拼命的成员。很多人都抱怨自己郁郁不得志，努力却总是得不到相应的回报。可是，你有没有静下心来想过："我在解决问题时想尽所有的办法了吗？""我是否真的做到了全力以赴呢？"实际上，很多人失败就是失败在做事不拼命，不全力以赴上。

戴尔·泰勒是美国西雅图一所著名教堂里的牧师。一天，泰勒向教会学校的学生们发出了"悬赏"公告：凡是能背出《圣经·马太福音》中第五章至第七章的全部内容的人，都会受邀去西雅图"太空针"高塔餐厅，免费品尝那里提供的大餐。可是，需要背诵的内容多达数万字，而且不押韵，这对孩子而言难度非常大。许多学生要么就直接放弃了，要么浅尝辄止。

几天后，一个11岁的小男孩主动找到戴尔·泰勒，并在他面前一字不落地背诵了全部内容。而且，整个背诵过程十分流畅，就好像他在照着《圣经》读一样。泰勒十分震惊，因为在成年的信徒中，能背诵此篇幅的人也非常罕见。他对男孩的记忆力表示了由衷地赞叹，然后问他："你为什么能背下这么长的文字呢？"小男孩立刻回答到："因为我全力以赴。"

十几年后，那个小男孩，成了世界著名软件的老板，他就是比尔·盖茨。可见，只要你全力以赴，没有什么事情是不可能的。在积极的心态驱使下，全力以赴就会创造奇迹。

一个人无论从事任何职业，都应该全力以赴、竭尽所能，这不仅是工作的原则，也是生活的原则。

人本来有很多潜能的，但是我们往往会给自找一些借口：管它呢，我已尽力了！事实上，尽力而为是远远不够的。有人曾说过这样一句话："拼命是逆境的克星，因为它让你咬紧牙关坚持下去，无论被击倒多少次，它总能支持你再爬起来，所以，只要你的工作目标已经确立，你就必须拼命。"

所以，不要再睡眼朦胧、得过且过下去了，生活中的任何一件事，都需要你全力以赴和拼命。多年后的那个你，一定会感谢现在拼命努力的你。

要生活得漂亮，需要付出极大忍耐

在苏轼的《贾谊论》里面有这么一句话："夫君子之所取远者，则必有所待；所就者大，则必有所忍。"意思是：一个君子想要达到长远的目标，就一定要等待时机；要想成就伟大的功业，就一定要能够忍耐。

所谓忍耐，是指把痛苦的感情或内心的感受控制住，不让其表现出来。生活中，总会有许许多多的矛盾是我们始料未及的，如果你不能够保持忍耐，就会因小失大，功败垂成。

当你的事业刚刚起步，或者在你走背运的时候，一定要学会"忍"的本领。一个懂得忍耐的人，肯定记得"忍得一时之气，免得百日之忧"的警句。

哲学家蒙田说："若结果是痛苦的话，我会竭力避开眼前的快乐；若结果是快乐的话，我会百般忍耐暂时的痛苦。"人生想要获得长久的快乐，就必须要忍受暂时的痛苦。

生活中那些处处刁难、折磨你的人，往往能使你更快地取得成功；那些看似险恶、遍布荆棘的环境，却总能历练出最优秀的强者。所以，你应该感谢那些折磨你的人和环境，因为正是它们才给了你前进的动力。

小不忍则乱大谋，汉高祖刘邦能忍，故能建三百年大汉基业；西楚霸王项羽不能忍，故兵败乌江，挥剑自刎。

一位毕业于哈佛大学的年轻人被分配到一个海上油田钻井队。在海上工作的第一天，领班要求他在限定的时间内登上几十米高的钻井架，把一个包装好的漂亮盒子送到最顶层的主管手里。他拿着盒子快步登上高高的狭窄的舷梯，气喘吁吁满头是汗地登上顶层，把盒子交给主管。主管转身背对着他打开盒子，看了一会儿从盒子里取出来的东西，然后封好包装并在上面签下自己的名字，就让他送回去。他又快跑下舷梯，把盒子交给领班，领班同样背对着他，然后换了一个新盒子，也在上面签下自己的名字，让他再送给主管。

他看了看领班，犹豫了一下，又转身登上舷梯。当他第二次登上顶层把盒子交给主管时，浑身是汗两腿发颤，主管却和上次一样，背对着他仔细看了会儿后又在盒子上签下名字，让他把盒子再送回去。他擦擦脸上的汗水，转身走向舷梯，把盒子送下来，领班重复着第一次的动作，再次换了个新盒子并签完字，让他再送上去。

这时他有些愤怒了，他看看领班平静的脸，尽力忍着不发作，又拿起盒子艰难地一个台阶一个台阶地往上爬。当他上到最顶层时，浑身上下都湿透了，他第三次把盒子递给主管，主管看着他，傲慢地说："把盒子打开。"他撕开外面的包装纸，打开盒子，里面装了两枚螺丝母。他愤怒地抬起头，双眼喷着怒火，射向主管。

主管又对他说："把这两枚螺丝母分别拧到那边的螺丝上。"年轻人再也忍不住了，"叭"地一下把盒子摔在了地上："如果这样戏耍人的话，我不干了！"说完他看看倒在地上的盒子，感到心里痛快了许多，刚才的愤怒全释放了出来。

这时，主管站起身严肃地对他说："螺丝母虽小，但却能固定住这座井架。你可能不知道，你反复地上下没有白忙活，因为找到了适合的螺丝母。再者，我刚才让你做的这些，叫做承受极限训练，因为我们在海上作业，随时会遇到危险，这就要求队员身上一定要有极强的承受力，承受各种危险的考验，才能完成海上作业任务。作为一个优秀的海上油田钻井队队员，首先应该对上级命令绝对服从，它是成就油田事业的素质之一。可惜，前面三次你都通过了，只差最后一点点，你没有把螺丝母拧到螺丝上。现在，你可以走了。"

跟这位哈佛毕业生一样，很多人正是由于不能忍，做起任何事情不顾后果，只图一时之痛快，才导致一生碌碌无为。

一位足球明星说："忍耐和勇气是一致的，是相辅相成的，缺乏忍耐力就近乎缺乏勇气。要从事踢足球的事业，你就必须有体力上的坚持力和精神上的坚持力，以发展你的忍耐力。有时候，一个人由于体力不佳又缺乏忍耐力，就可能被误认为是一个胆小鬼和一个不争气的人。"

"忍耐"一词包含了两层含义，一是"忍受"，二是"继续做下去"。前者告诉我们只要能忍受自身的痛苦，早晚会有翻身的一天，苦难也最终会过去；后者告诉我们要不屈服于种种障碍，坚持不懈地朝一个目标前进。

牛根生创建蒙牛之前，在一家大企业做副总，虽然尽心尽力、业绩卓著，但他做事冲劲十足，为企业的一把手所不容，处处受到排挤。这时，牛根生没有火冒三丈，而是选择了忍——递交了辞呈。

辞职后，他创建了蒙牛。但蒙牛与原供职的那家企业同在一个城市，经营的又是同一类产品，所以狭路相逢必生事端。那家企业财大气粗，对还很弱小的蒙牛进行强烈抵制，要求经销自己产品的经销商绝对不能经销蒙牛的产品，否则就取消其经销权。牛根生又选择了忍，然后艰难地建立和完善自己的经销网络。

1999年5月1日，蒙牛在呼和浩特市的40多块广告牌一夜之间全被砸毁，这种暴行遭到媒体的一致谴责，蒙牛最初也曾悬赏缉拿凶手。后来一个认识的同行给牛根生打电话说："是我砸的，没办法，我要不砸就会被开除回家。"这时，牛根生还是选择了忍，不再追究，也不去争辩是与非，而是专注于自己的产品开发和销售。

结果，牛根生的忍让和克制，竟带来了蒙牛人气和销量的大涨。因为，经销商佩服他的心量，愿意倾力合作，媒体和消费者认同蒙牛的品质，成功也就水到渠成了。

忍耐是走向成功过程中必要的手段，在机遇、时间、资金等条件都相同的前提下，谁的忍耐力越强，谁就越有可能成功。很多人在受到冤屈时，心理上总是愤愤不平。然而，正是由于你怨气难消，所以痛苦才一直陪伴着你。如果把这些打击当成催熟你事业的"催化剂"，你心里就会没有怨恨，也没有痛苦。

唐代大诗人白居易说："孔子之忍饥，颜子之忍贫，闵子之忍寒，淮阴之忍辱，张公之忍居，娄公之忍侮；古之为圣为贤，建功树业，立身处世，未有不得力于忍也。凡遇不顺之境者其法诸。"能"忍"的人，气量越来越大，事业越来越宽广；不能"忍"的人，胸怀越来越窄，事业越来越缩水。

精彩的人生往往从忍耐开始，只要你能忍、善忍，就一定能积蓄力量，等待机会，从而干出一番辉煌的事业。

与其用泪水悔恨今天，不如用汗水拼搏今天

　　有句话说得好："三分天注定，七分靠打拼，爱拼才会赢。"人的一生不会是一帆风顺的，其中少不了艰难坎坷，如何迈过那一道道坎，趟过那一条条河？无数历史人物的成功事迹向我们证明，敢于拼搏的人生，才是最精彩的人生。

　　1950年的一个夏天，六岁的小弗朗克终于爬上了院子的围墙，他站在墙上兴奋地大叫。全家人都惊慌地跑出来，很紧张地把他从墙上抱下来。老祖母问他："你怎么爬到那么高的墙上去，摔着了怎么办？"小弗朗克说："我喜欢站到高的地方！"

　　后来年龄渐大，弗朗克可以轻松地翻过围墙，把目光投向不远处的一座小山。这是法国北部的一个小镇，周围这种不高的小山有几十座。弗朗克常带着小伙伴去爬山，那些山虽然不高，但大多很陡，每当费力地爬到山顶，弗朗克都要欢呼雀跃一番。他也经常摔得遍体鳞伤，可这丝毫不影响他爬山的热情，他总是从地上爬起来继续去攀登。父亲曾很无奈地问他："告诉我，怎么才能让你不去爬山？"弗朗克指了指群山，说："除非你把这些山都削平了！

　　青年时的弗朗克成了一个业余的登山爱好者，曾征服过法国境内的很多高峰。有一次，他们的登山队攀登一座高山时，弗朗克从半山腰一脚踩空滚落下来。当他苏醒过来，挣扎着要继续爬山。队友问他："摔得这么

重，你还怎么去爬？"他笑了笑，说："因为山还在！"就是这次受伤，他的左腿落下了终生残疾。

有很长的一段时间，弗朗克生活在阴郁之中，他的腿一度使他万念俱灰。望着远处朦胧的山影，他的心暗淡无比。他不知道此生是否还能再有站在山顶的日子。经过炼狱般的艰难挣脱，他终于可以面对生活了。他开始为生活而奔波，由于走路不方便，很难找到一份合适的工作。历尽艰辛，迎着无数冰冷的目光，他最终拥有了自己的公司。生活也见到了阳光，亲友们也都很欣慰，觉得他的受伤很值得。然而，弗朗克却又开始爬山了，当他一瘸一拐地征服了一座又一座山峰时，人们便记起了他当初说过的话："因为山还在！"是的，只要山还在，梦想就在，激情就在！

1993年，当弗朗克以残疾之躯征服了号称欧洲第一高峰的勃朗峰时，记者蜂拥而至。面对赞誉和疑问，他说的第一句话仍然是："因为山还在！"有一位女记者问他："你这一生中登上很多高山，哪一座是最值得你骄傲的？是这勃朗峰吗？"弗朗克摇摇头说："不是。我所登上的最值得骄傲和自豪的高峰，其实就是我自己！当我的腿残疾之后，我发现在我的生活道路上，也耸立着无数的山峰，那些意想不到的种种艰难，在我眼中高耸入云！"

有记者问："也就是说你在生活中也征服了许多高峰，那么支撑着你的信念是什么呢？"弗朗克微微一笑，指着眼前的欧洲最高峰，说："支持着我一路攀过来的，就是生命中最高的那座山峰！也许我终生都无法登上这座山峰，可是只要它在那里，我就不会停止！"

美国成功学的创始人拿破仑·希尔说："自然经常是先给某些人重重的一击，让他们倒在地上，看谁能爬起来再投入人生的战场，那些毅力强大的勇敢者，就被选为命运的主人。"敢于拼搏，是一种积极的人生态度，是成功者必须具备的最起码的素质。

现代社会是一个充满竞争的社会，你想要什么东西，必须通过奋斗才能得到。如果你一味地畏首畏尾、怕这怕那，那你就永无出头之日。

2010年8月8日，韩国总统李明博实施上任以来最大规模的内阁改组，年仅48岁的金台镐获国务总理提名。

与很多含着金钥匙出生的政坛人物相比，金台镐的出生与成长却是充满了艰辛。

1962年，金台镐出生在庆尚南道居昌郡一个贫寒的农民家庭，在家中4个孩子中排行第二。金台镐的父亲靠贩牛为业，支撑一家生活。因为家境贫寒，金台镐在高中时一度想放弃学业，帮助日益苍老、佝偻的父母干活，但遭到了父亲的坚决反对。父亲对他说："家里的贫困是暂时的，我能扛得住。我只希望你要好好学习，相信通过你自己的努力，会有更灿烂的明天。"

从此，金台镐牢记父亲的教导，一头钻进了高中课程学习中。后来，他考入韩国著名学府首尔大学，攻读农学。毕业后，他本想继续深造，后来在前总统金泳三一名助理人员影响下迈入政坛。

出身寒苦的金台镐步入政坛后，坚持"走正道"，含辛茹苦，披肝沥胆，在民众心中留下了新思维、廉洁、坚韧等印象。2004年，他便被补选为庆尚南道知事，成为韩国历史上最年轻的道知事。2008年，他又轻松赢得连任。

回忆艰苦的成长历程，金台镐微笑着对记者说："我身为牛贩的儿子，既没有钱也没有权，仅凭自己坚定的勇气和挑战，从基层开始逐步提升为道义员、郡守，并作为最年轻的道知事得到连任。在这里，我想告诉抱有'付出努力也不行'这种挫败心理的二三十岁的年轻人，韩国是一块充满机会的土地，只要怀着'努力就能成功'的勇气去拼搏和挑战，就能得到这样的机会。"

拼搏是现代人自我表现的一种特质，也是一种力量的象征。在漫漫的人生道路上，只要你有拼搏精神，并向着目标前进，就算是失败了那也可以说是一种另类的成功。三国时期的诸葛亮为蜀汉可谓是"殚精竭虑、鞠躬尽瘁"，虽然他最终没有成功，却留下了"长使英雄泪满襟"的美名。

第六章

要么忙着活，要么忙着死

　　我们总在等待最好的一天，其实现在就是最好的一刻。需要谨记的是：无论你在什么时候开始，重要的是开始之后就不要停止；无论你在什么时候结束，重要的是结束之后就不要悔恨。

立即行动！立即行动！立即行动！

人们在生活中碰到问题时，一般会有两种处理办法：一是立即处理，二是犹豫不决。前者能够及时迅速地解决问题，防止问题恶化；后者只能耽误时间，失去解决问题的最佳时机。

美国前总统艾森豪威尔说："任何语言都是苍白的，你唯一需要的就是执行，一个实际行动比一打纲领更重要。"由此可见，无论做什么事，只停留在嘴上显然是不够的，关键还要落实在行动上。

曾经有一个人请教一位成功人士："请问你成功的秘诀到底是什么？"

"立即行动！"

"当你遇到困难的时候，请问你到底如何处理？"

"立即行动！"

"当你遇到挫折的时候，你要如何克服？"

"立即行动！"

"在未来当你遇到瓶颈的时候，你要如何突破？"

"立即行动！"

"假如你要分享你成功的秘诀给全世界每一个人，那你要告诉他什么？"

"立即行动！"

立即行动是一种做事的态度，立即行动是一种良好的习惯，立即行动也是一切的灵魂所在。因为，行动有多快，成功就有多快。

《羊皮卷》的作者马丁·科尔说："世间最可怜的，是那些做事举棋不定，犹豫不决、不知所措的人，是那些自己没有主意、不能抉择的人。这种主意不定、意志不坚的人，难以得到别人的信任，也就无法使自己的事业获得成功。"

制定了一个完善的目标，却不去实行，一味地拖延，只能导致失败。"立即行动""马上去做"虽然带有一定的风险，却总能让人感到欣慰，燃起希望的烛火。

巴黎著名绘画大师柯罗之所以能在艺术方面做出成就，就是因为他也是一个"立即行动"的人。有一次，一个青年画家把自己的作品拿给柯罗看，希望柯罗能给他一些建议。柯罗看过画之后，指出几处他不太满意的地方。青年画家听了之后对柯罗说："谢谢您的建议，明天我会全部修改的。"

柯罗听后却有些生气了，激动地问他："为什么要明天？你想明天再修改吗？今天的事就应该今天做，不要等到明天再做！"青年画家听后马上对柯罗说立刻就改。事后他常对人说，自己这辈子最感谢的人就是柯罗，正是他的那次生气改变了自己的一生。柯罗"立刻就改，马上行动"的做事风格影响了青年人，让他成为了一名杰出的画家。

人的一生就像是一盘棋赛，坐在你对面的就是"时间"。如果你凡事犹豫不决、拖拖拉拉，就会被淘汰出局；如果你马上采取行动，那就还有获胜的可能。

俗话说："说一尺不如行一寸。"永远都不要给自己留后路，说什么"以后还有机会""时间还很充裕"的话。立即行动是治愈恐惧的良药，而犹豫不决则是滋生恐惧的温室。

梅纽因是当代著名的小提琴大师，半个多世纪以来，他把自己的全部生命都献给了音乐。他的名声在各大洲几代人之间传播。

10岁那年，梅纽因为了提高琴艺，决定拜法国小提琴演奏家艾涅斯库门为师。主意拿定，说干就干，在父亲的陪同下，他来到巴黎，向艾涅斯库门提出了申请。

艾涅斯库门不留余地地拒绝道："我从来不给私人上课！"

梅纽因坚持说："那么，先生，请您听我拉一曲吧！"

艾涅斯库门冷冷地说："对不起！我正要出远门，明天早晨六点半出发！"

梅纽因继续请求："我可以提早一小时来，在您收拾东西时拉给您听，好吗？"

艾涅斯库门被他的诚心打动了："那好吧！明早五点半到克里希街26号，我等你。"

第二天早晨五点半，梅纽因准时来到艾涅斯库门家，发挥自己最高的水平，拉了一曲。艾涅斯库门听后，兴奋得满脸通红，走出房门，对等候在门外的梅纽因的父亲说："我决定收下你的儿子。不用付学费！他给我带来的快乐完全抵得过我给他的益处。"

从此，梅纽因成为艾涅斯库门的学生。他努力学习，渐渐青出于蓝，成为世界著名的小提琴演奏家。

在这个故事中，梅纽因在没有任何把握的情况下，就敢不远万里上门拜师，可见他对成功的渴望。一旦拜师不成，不但丢了面子，还要白白浪费许多时间和金钱。很多人正是因为抱着这样的心理，做起事来瞻前顾后，导致丧失了许多机会。

《世界上最伟大的推销员》一书中有这样一段话："我的幻想毫无价值，我的计划渺如尘埃，我的目标不可能达到。一切的一切毫无意义——除非我们付诸行动。我现在就付诸行动。一张地图，不论多么详尽，比例多精确，它永远不可能带着它的主人在地面上移动半步。一个国家的法律，不论多么公正，永远不可能防止罪恶的发生。任何宝典，即使我手中的羊皮卷，永远不可能创造财富。只有行动才能使地图、法律、宝典、梦想、计划、目标具有现实意义。行动，像食物和水一样，能滋润我，使我成功。"十个想法不如一个行动，只有立即行动才能产生奇迹。所以，不管你现在要做什么事，请立即行动。

唯有付诸行动，梦想才能成真

在生活中，我们常常听到身边的人有各种各样的梦想：梦想一夜暴富、梦想成名、梦想去全球旅行、梦想获诺贝尔文学奖……每一个梦想听起来都非常美好。但是在现实中，却很少有人能全力以赴、义无反顾地去实现自己的梦想，大多数的人则只是把它当成一句口头禅，当成一种心理慰藉，带着它生活一辈子，却从来不会认真地对待它。

"梦想成真"是一句美好的祝福。我们每个人都有自己的梦想，但是梦想和现实之间，却往往隔着千山万水，非勇往直前、坚韧不拔者不能通过。

有个非常虔诚的基督教徒，非常想中彩票大奖。

每次他都会去祈祷："上帝啊，我这一辈子都做了这么虔诚的信徒，您就让我中一次彩票吧！"

他日复一日，年复一年，虔诚地向上帝祈求中奖，但还是没有一次中过奖。

终于有一次他受不了了，仰天长叹："上帝啊，我做了一辈子的忠实信徒，到底要怎么着才让我中一次奖呀？"

突然天幕拉开，上帝很愤怒地说："我求求你了，你先去买张彩票吧。"

这个笑话中的基督徒，就是个典型的"口号主义者"。有人说，天下最悲哀的一句话就是："我早就想到了，可惜我没做。"比如："如果我几年前就开始那笔生意，早就发财了！”“如果我早一点向她求婚，她就不会变成别人的新娘。”有机会迟迟不见行动，事过境迁再来后悔，正是这些小人物的通病。这些人虽然有远大的梦想，却迟迟不愿意付出具体行动，或是碰到一点困难后就打退堂鼓，最后完全放弃了自己的梦想。

常言道：“心动不如行动。”有了梦想，就应该立即行动。坐在原地等待机遇，无异于等待天上掉馅饼。萤火虫只有在飞翔的时候，才能发出光芒。再好的梦想与目标，再完美的计划与方案，如果不能付诸于行动，就像只有设计图纸而没有盖起来的房子一样，只能是一个空中楼阁。

美国著名成功学大师杰弗逊说：“一次行动足以显示一个人的弱点和优点是什么，能够及时提醒此人找到人生的突破口。”也许你早就为自己的未来勾画了一个美好的蓝图，但你同时又被它所带来的负面效应所困扰，你总是在寻找更好的机会，或者常常对自己说：留着明天再做。这些做法将极大地影响你的做事效率。

四川的边远地区有两个和尚，一个穷，一个富。

有一天，穷和尚对富和尚说：“我想到佛教圣地南海去朝拜，你说行不行？”

富和尚问：“来回好几千里地，你靠什么去呢？”

穷和尚说：“我只要一个喝水的瓶子，一个吃饭的泥盆就行了。”

富和尚听了哈哈大笑，说：“几年以前，我就下决心要租条船到南海去朝圣，但是，凭我的条件，到现在还没能办到。你靠一只破瓶子，一个泥瓦盆就要到南海去？真是白日做梦！

一年以后，富和尚还在为租赁船只筹钱，穷和尚却已经从南海朝圣回来了。

富和尚“常立志”，只是立在嘴上；穷和尚“立常志”，却是立在行动上。富和尚有着比穷和尚更好的条件，但是当穷和尚已经实现了自己的愿望的时候，富和尚还在纸上谈兵。客观条件要靠主观努力去创造。怕苦怕累，空谈坐想，是什么事情也办不成的。

英国著名文学家劳伦斯说："成功的秘诀，在于养成迅速去做的好习惯。"如果你仔细研究那些成功者的成功之路，你就会发现，他们之所以取得成功，并不是他们的知识、眼光、观念有多么出类拔萃，也不是他们的梦想和目标有多高，而是因为他们总是比别人先走一步，并且能够坚持到底而已。

有两个小孩到海边去玩，玩累了，两人就躺在沙滩上睡着了。其中一个小孩做了个梦，梦见对面岛上住了个大富翁，在富翁的花园里有一整片的茶花，在一株白茶花的根下，埋着一坛黄金。

这个小孩就把梦告诉另一个小孩，说完后，不禁叹息："真可惜，这只是个梦！"

另一个小孩听了相当动容，从此在心中埋下了追梦的种子，就说："你可以把这个梦卖给我吗？"

这个小孩买了梦以后，就往那座岛出发，千辛万苦才到达岛上，果然发现岛上住着一位富翁，于是他就自告奋勇做了富翁的佣人。他发现，花园里真的有许多茶花，茶花年年开，他也年年把种茶花的土一遍一遍地翻掘。就这样，茶花愈长愈好，富翁也就对他愈来愈好。终于有一天，他由白茶花的根底挖下去，真的掘出了一坛黄金。

买梦的人回到了家乡，成了最富有的人；卖梦的人，虽然不停地在做梦，但他从未圆过梦，最终还是个穷光蛋。

每个人都有很多梦想，却总是觉得没有时间去实现它们。所以，在我们身边总会听到这样的声音："要是有时间的话，我就可以做这个了；要是有时间的话，我就可以做那个了。"有梦想是好事儿，没时间也是实话，但是，仅仅为了这个借口，坐而论道，而不是付之行动，那么，所有的梦想也就永远无法实现。

　　其实，实现梦想的过程要比"等死"美好的多，在梦想的路上，有各种奇花异草争奇斗艳，虽然会时不时地跳出一只拦路虎，但这绝对是你生命中最精彩的注脚。

不要等到条件成熟，再去行动

经常会看到一些人，整天把自己的"梦想"挂在嘴边，口中说着"等将来有一天，我一定会怎么样"，一副"视天下英雄如无物"的傲气。可当你动员他们行动时，他们却总是说："等条件成熟了再说吧"或者"等市场好转了再说吧"。这类人总喜欢把"条件不成熟"作为他们不立即行动的借口。结果，他们总是让梦想越来越远。

美国石油大王洛克菲勒说："要有现在就做的习惯，最重要的是要有积极主动的精神，戒除精神散漫的习惯，要决心做个主动的人，要勇于做事，不要等到万事俱备以后才去做，永远没有绝对完美的事。培养行动的习惯，不需要特殊的聪明智慧或专门的技巧，只需要努力耕耘，让好习惯在生活中开花结果即可。""万事俱备"只不过是"永远不可能完成"的代名词。一旦犹豫不决，愚蠢地去等待"万事俱备"，那你就什么都干不成。

1973年，英国利物浦市一个叫科莱特的青年考入了美国哈佛大学，常和他坐在一起听课的，是一位18岁的美国小伙子。

大学二年级那年，这位小伙子和科莱特商议，一起退学，去开发32Bit财务软件，因为新编教科书中，已解决了进位制路径转换问题。

当时，科莱特感到非常惊诧，因为他来这儿是求学的，不是来闹着玩的。再说对Bit系统，墨尔斯教授才教了点皮毛，要开发Bit财务软件，不学完大学的全部课程是不可能的。他委婉地拒绝了那位小伙子的邀请。

10年后，科莱特成为哈佛大学计算机系Bit方面的博士研究生，那位退学的小伙子也在这一年，进入美国《福布斯》杂志亿万富翁排行榜。

1992年，科莱特继续攻读博士后；那位美国小伙子的个人资产，在这一年则仅次于华尔街大亨巴菲特，达到65亿美元，成为美国第二富翁。

1995年，科莱特认为自己已具备了足够的学识，可以研究和开发32Bit财务软件，而那位小伙子则已绕过Bit系统，开发出Eip财务软件，它比Bit快1500倍，并且在两周内占领了全球市场，这一年他成了世界首富。一个代表着成功和财富的名字——比尔·盖茨也随之传遍全球的每一个角落。

人生苦短，不要把今天想做的事拖到明天，在今天太阳下山之前，我们就应把该做的全部做好。不要等到万事俱备以后才去做，世界上永远没有绝对完美的事。

费拉尔是一名保险推销员，他最大的快乐是带着钓竿和猎枪到丛林深处钓鱼打猎，几天后，再心满意足地带着一身的疲惫和泥泞回家。但是，令他感到困扰的是，这项爱好占据了他太多的时间。

有一天，他从外面归来，回到工作岗位上时，突然产生了一个十分奇异的想法："自己可以在荒野之中开展业务。因为铁路公司的员工正居住在铁路的沿线，同时荒野中还散居着许许多多的猎人和矿工，这都是潜在的客户。"这样一来，他便可以在外面狩猎中，兼顾自己的工作。

接着，他开始着手计划，打点行李，进行行动前的准备工作，以免被犹豫和拖延影响了自己的心态，导致自己最终放弃这项奇异的计划。一切都准备好了之后，他便沿着铁路线开始工作。

那些与世隔绝的人们对他的态度十分友善和热情，他的工作因此开展得十分顺利。在和他们的接触之中，费拉尔与他们发展起了深厚的友谊。他教他们一些生活中的小手艺，给他们讲外面世界中的传奇故事。因此，他经常成为他们店中的尊贵宾客。在短短的一年中，他的业绩突破了百万美元。

在这个世界上，有不少人认为只有具备了相当成熟的条件后才能从事创业。然而，世界上不少亿万富翁的成功史表明：那些能够成就一番事业的人，都是在知识经验不够，市场前景不明的情况下，就直接对准了目标，然后在行动的过程中一点点完善自己的计划。

你知道要把北方的苹果运往南方，需要在苹果成熟到什么程度的时候采摘吗？你知道既要消灭细菌又要保持香味，葡萄酒要加温到多少度吗？

为了能够长途运输，果农会将没有完全成熟的苹果摘下来，因为在运输的路上，生涩的苹果会一点点成熟；将葡萄酒加热到100度时，虽然细菌被完全消灭了，但葡萄酒特有的香味也就没有了，只有将它加热到55度时，不但能够消灭细菌，还能保住葡萄酒的香味。

如果迎春花要等到春光灿烂时再开放，就会误了占尽春天的天时；如果一件事要等到条件完全成熟了再去做，就会误了站住制高点的先机。一旦有了想法，就要立即着手去做，这样，你才会在工作中不断修正、不断创新，一步步排除困难。

在《经律异相》中，有一个贪狗犹豫不决的故事。

从前，有一条狗经常到寺院里去找东西吃。那附近有两座寺院，一座在河东岸，一座在河西岸。狗听到东岸寺院开斋的钟声，就到东寺讨吃的；东寺吃完后，听到西岸寺院开饭的钟声，就渡河到西寺觅食。

这天不知怎的，东寺和西寺同时开饭了。这条狗就游水渡河去乞食。游到河中心的时候，它想想觉得东寺的饭菜大概比西寺好，于是就扭头往东游；快游上岸了，又想到东寺的点心不如西寺做得可口，于是调转方向向西游；游了一会儿，又唯恐东寺今天做包子，去晚了吃不到，赶紧转身向东……

这条可怜的狗一会儿向东，一会儿向西，折腾了半天，终于游不动了，筋疲力竭沉到水底去了。

　　某电影中有一句台词说："什么事不能在心里合计久了，合计太久了，这事指定办不成。"当犹豫不决的时间大于完成这件事所需的时间时，你离失败就不远了。

　　当然，对于比较复杂的事情，你的确应该把问题的各方面都加以慎重地权衡考虑，但你千万不要犹豫不决，一旦你打定主意，就决不要更改，不再留给自己回头考虑、准备后退的余地。

　　我们总在等待最好的一天，其实现在就是最好的一刻。需要谨记的是：无论你在什么时候开始，重要的是开始之后就不要停止；无论你在什么时候结束，重要的是结束之后就不要悔恨。

坚持从头到尾做完一件事

有这样一幅漫画：画中的每个人都背负着一个沉重的十字架，在缓慢而艰难地朝着目的地前行。

途中，有一个人忽然停了下来。他心想：这个十字架实在是太沉重了，就这样背着它，得走到何年何月啊？于是，他拿出刀，作出了一个惊人的决定：将十字架砍掉一小节。

砍掉之后走起来，的确是轻松了很多，他的步伐也不由得加快了。于是，就这样走啊走啊，又走了很久很久。他又想：虽然刚才已经将十字架砍掉了一块，但它还是太重了。为了能够更快更轻松地前行，这次，他决定将十字架再砍掉一大块。

这样一来，他一下子感到轻松了许多，并毫不费力地走到了队伍最前面。当别人都负重奋力艰难地前行时，他哼着欢快的歌谣，暗暗得意于自己的聪明举措。

走着走着，谁料，前边忽然出现了一个又深又宽的沟壑！沟上没有桥，周围也没有路。这时候也没有蜘蛛侠或者超人出来解救他……

后面的人都慢慢地赶上来了，他们用自己背负的十字架搭在沟上，做成桥，从容不迫地跨越了沟壑。他也想如法炮制，只可惜他的十字架之前已经被砍掉了长长的一大截，根本无法做成桥帮助他跨越沟壑。

于是，当其他人都在朝着目标继续前进时，他却只能停在原地，垂头丧气，追悔莫及……

其实，现实生活中的每个人也都背负着各种各样的十字架，在艰难地前行。它也许是我们的工作，也许是我们的责任，也许是我们的理想。它拖慢了我们前进的脚步，让我们劳累不堪。于是，很多人便一点点地丢掉了它。直到最后，他们才发现，自己之所以失败，就是因为比别人少了那么一点点的坚持。

卢梭说："当一个人一心一意做好一件事情的时候，他最终是必然会成功的。"要坚持做一件事，其实是需要意志力——也就是自我控制自己行为的能力。自古以来，不知道有多少人因为不够坚持而一生碌碌无为；而那些成功人士则不然，他们总是能排除外界的干扰，将一件事从头到尾做完。

有学生问哲学家苏格拉底，怎样才能学到他那博大精深的学问。苏格拉底听了并未直接回答，只是说："今天我们只学一件最简单也是最容易的事，每个人尽量把胳膊往前甩，然后再尽量往后甩。"

苏格拉底示范了一遍说："从今天起，每天做300下，大家能做到吗？"

学生们都笑了，这么简单的事有什么做不到的？

过了一个月，苏格拉底问学生们："哪些人坚持了？"有九成的学生骄傲地举起了手。

一年后，苏格拉底再一次问大家："请告诉我最简单的甩手动作还有谁坚持了？"这时，只有一人举起了手。他就是古希腊后来的另一位大哲学家柏拉图！

苏格拉底语重心长地告诉同学们："世间最容易的事是坚持，最难的事也是坚持。说它最容易，是因为只要愿意做，人人都能够做到；说它最难，是因为真正能做到的，终究是极少数的人。只要方向正确，成功有一个知易行难的奥秘，那就是：坚持、坚持、再坚持。"

歌德曾说："只有两条路可以通往远大的目标：力量与坚韧。力量只属于少数得天独厚的人；但是苦修的坚韧却艰涩而持续，能为最微小的我们所用，且很少不能达成它的目标。"做什么事情都要坚持，不能三天打鱼两天晒网，要不然什么事情都做不成。

《尚书》中说："为山九仞，功亏一篑。"在这个竞争激烈的社会里，如果你能坚持从头到尾地朝着一个目标前进，成功的机会将大大增加。如果你凡事都浅尝辄止，则注定与成功无缘。

一位著名的推销大师，即将告别他的推销生涯，应行业协会和社会各界的邀请，他将在该城中最大的体育馆，做告别职业生涯的演说。

那天，会场座无虚席，人们在热切地、焦急地等待着那位当代最伟大的推销员作精彩的演讲。当大幕徐徐拉开，舞台的正中央吊着一个巨大的铁球。为了这个铁球，台上搭起了高大的铁架。一位老者在人们热烈的掌声中走了出来，站在铁架的一边。他穿着一件红色的运动服，脚下是一双白色胶鞋。人们惊奇地望着他，不知道他要做出什么举动。

这时两位工作人员，抬着一个大铁锤，放在老者的面前。主持人这时对观众讲：请两位身体强壮的人，到台上来。好多年轻人站起来，转眼间已有两名动作快的跑到了台上。老人告诉他们游戏规则，请他们用这个大铁锤，去敲打那个吊着的铁球，直到把它荡起来。

一个年轻人抢着拿起铁锤，拉开架势，抡起大锤，全力向那吊着的铁球砸去，一声震耳的响声后，吊球动也没动。他接着用大铁锤接二连三地砸向吊球，很快他就气喘吁吁。另一个人也不示弱，接过大铁锤把吊球打得叮当响，可是铁球仍旧一动不动。台下逐渐没了呐喊声，观众好像认定那是没用的，就等着老人做出解释。

会场恢复了平静，老人从上衣口袋里掏出一个小铁锤，然后认真地面对着那个巨大的铁球敲打起来。

他用小锤对着铁球"咚"敲一下，然后停顿一下，再一次用小锤"咚"地敲一下。人们奇怪地看着，老人就那样"咚"敲一下，然后停顿一下，就这样持续地做。

10分钟过去了，20分钟过去了，会场早已开始骚动，有的人干脆叫骂起来，人们用各种声音和动作发泄着他们的不满。老人仍然敲一小锤停一下地工作着，他好像根本没有听见人们在喊叫什么。人们开始忿然离去，会场上出现了大片大片的空缺。留下来的人们好像也喊累了，会场渐渐地安静下来。

大概在老人敲打了40分钟的时候，坐在前面的一个妇女突然尖叫一声："球动了！"刹那间会场鸦雀无声，人们聚精会神地看着那个铁球。那球以很小的幅度动了起来，不仔细看很难察觉。老人仍旧一小锤一小锤地敲着，吊球在老人一锤一锤的敲打中越荡越高，它拉动着那个铁架子"哐哐"作响，它的巨大威力强烈地震撼着在场的每一个人。终于场上爆发出一阵阵热烈的掌声，在掌声中老人转过身来，慢慢地把那把小锤揣进兜里。

老人开口讲话了，他只说了一句话："在成功的道路上，你如果没有耐心去等待成功的到来，那么，你只好用一生的耐心去面对失败。"

美国第三十届总统卡尔文·柯立芝说："这世界上没有什么可以代替'坚持'；聪明的才智不能——聪明的但不成功的人比比皆是；天才也不能——有很多天才得不到认可也是个很好的证明；高学历的教育也不能代替——这世界上现在满是受过教育的废物；只有坚持和决心才是唯一万能的。"骐骥一跃，不能十步；驽马十驾，功在不舍。即使一匹腿力并不强健的劣马，若它能坚持不懈地拉车，照样也能走得很远。它的成功在于无论道路远近或险阻，它都从未停止过努力向前。

其实，世间最容易的事是坚持，最难的，也是坚持。说它容易，是因为只要愿意，人人都能做到；说它难，是因为能真正坚持下来的，终究只是少数人！

做一个实干家，而不是空想家

近几年，在成功人士中间流行着一句话，叫做"先开枪，后瞄准"。这句话乍听上去有点不可思议，没有瞄准就开枪，这不是浪费子弹吗？其实，这里面蕴含了一个更深层次的思想，那就是"先发制人"。

在我们的日常生活中，常常会遇到这样两种人：一种是"实干家"，这种人反应迅速，勇于实践，在时机还不太成熟时，他们就已经开始行动了。不管是研究一项实验，写一本书，参加马拉松比赛，还是其他事业，他们都能够身体力行。

还有一种是"空想家"，这种人整天把梦想挂在嘴边，却从来不主动去实现它。如果将诗人艾青的"梦里走了许多路，醒来还是在床上"这两句诗赠给这些人，那可是再合适不过了。

报纸上曾经有这样一个竞答题目，如果有一天大英博物馆突然燃起了大火，而当时的条件只允许从众多的馆藏珍品中抢救出一件，你会抢救哪一件？

在数以万计的读者来信中，一个年轻人的答案被认为是最好的，他选择离门最近的那一件。这是一个令人叫绝的答案，大英博物馆的馆藏珍品件件都是国宝，举世无双，与其幻想着件件都抢救出来不如抓紧时间抢救一件算一件。

每个人的时间都是相同的，也都是有限的。鲁迅先生曾经说过："生命是以时间为单位的，浪费别人的时间等于谋财害命，浪费自己的时间等于慢性自杀。"如果你既不想"谋财害命"，也不想"慢性自杀"，那你就不要把过多的时间浪费在空谈上，只有少说多做，才能更好地利用时间完成更多有价值的事情。

艾米是一个可爱的小姑娘，但她有一个坏习惯，那就是她每做一件事时，都把时间花在准备工作上，而不是马上行动。

和艾米住在同一个村子里的索顿先生有一家水果店，里面出售像本地产的草莓这类水果。一天，索顿先生对贫穷的艾米说："你想挣点钱吗？"

"当然想，"她回答，"我一直想有一双新鞋，可家里没钱买不起。所以，我要自己挣钱买。"

"好的，艾米。"索顿先生说，"安德科家的牧场里有很多长势很好的黑草莓，他们允许所有人去摘。你去摘了以后把它们都卖给我，一磅我给你13美分。"

艾米听说可以挣钱，非常高兴。于是，她迅速跑回家拿上一个篮子，准备马上就去摘草莓。

这时，她不由自主地想到，还是先算一下采5磅草莓可以挣多少钱比较好。于是，她拿出一支笔和一块小木板，计算结果是65美分。

"要是能采12磅呢？"她继续计算着，"那么，我又能赚多少钱呢？"

"上帝呀！"她得出答案，"我能得到1美元56美分。"

艾米接着算下去，要是她采了50、100、200磅草莓，索顿先生会给她多少钱。她将不少时间花费在这些计算上，一下子就到了中午吃饭的时间，她只得下午再去采草莓了。

艾米吃过午饭后，急急忙忙地拿起篮子向牧场赶去。然而，许多男孩子在午饭前就到了那儿，他们快把好的草莓都摘光了，可怜的艾米最后只采到了一磅草莓。

回家的途中，艾米想起了老师经常说的话："办事得尽早着手，干完后再去想，因为一个实干者胜过一百个空想家。"

我们都喜欢躺在床上空想：我要在5年内开一家自己的公司，10年内将公司变为跨国企业，15年的财富可以荣登财富榜前几位；然后我就可以过着高质量的生活，写回忆录。

然而，更多的人只是停留在了想象的层面，他们总是把成功后的情形想象的非常美好，但却未曾想象实现梦想过程中的艰辛，因为他们根本不会付诸行动。

苹果公司创始人乔布斯曾经说过："苹果公司的伟大之处在于把创新落实到行动上，一千次空想也比不上一次行动。"大文豪雨果在他的《传记》中也说道："唯有付诸行动，梦想才能成真。"由此可见，在有些情况下，先"开枪"比先"瞄准"结果要好的多。

美丽的大森林里，住着许许多多动物。一天，他们在一起，开展"发生火灾怎么办"的大讨论。

黑熊走到前面，大声说："一旦发生火灾，用黄沙撒在火上，火就会熄灭。"

大象甩了甩长鼻子，说："一旦发生火灾，我可用鼻子吸了水，像救火笼头一样把水喷在火上，火就会熄灭。"

于是大家选黑熊和大象为灭火队长，如若发生火情，他们带领大家一起灭火。

不远处的草丛中突然升起一缕青烟，火苗直向上窜。大伙的眼睛一齐盯着黑熊和大象，黑熊摇摇头，说："这里找不到黄沙，叫我用什么去灭火呢？"

大象一边用长鼻子晃来晃去，一边说："这里没有水，叫我怎么灭火呢？"

　　这时，火舌越蹿越高，眼看一场森林火灾就要发生，大家急得团团转。突然，一只猴子抓起一根树枝，冲入火中，一边呼喊同伴，一边拼命扑打大火。大家这才清醒过来，一齐冲过去扑打大火。经过大家的努力，大火终于被扑灭了。

　　黑熊和大象对猴子说："你这样乱扑打算什么灭火法？"

　　猴子说："你们两位刚才对灭火法讲得头头是道，可关键时刻你们为什么不施展出来，不切实际的空谈又有什么用呢？"

　　空想一百次，不如实干一次，成功不属于坐而论道的人。只有在工作中做到言行一致，说到做到，而不是仅限于喊口号，做样子，那么你的工作才能取得成效。有了成熟的想法，却没有成熟的行动，最后陪伴你的就只有失败。

失败算得了什么，大不了从头再来

任何人的一生都要经历失败，不管你的运气有多好，不管你前进的路上有多少贵人帮你，你都或多或少会尝到失败的滋味。面对失败，你可以有两种选择：要么就此一蹶不振下去；要么擦干眼泪，爬起来继续走下去。

有一首歌这样唱道："是路它就免不了有沟沟坎坎，就看你怎么去闯，怎么闯每一道关。"的确，月有阴晴圆缺，年有春夏秋冬，人有失意得意，漫漫人生路，我们往往会和坎坷不期而遇，最关键的是我们要拿出勇气，敢于拼搏，失败了也要从头再来。

明末清初，浙江出了一位史学家谈迁。谈迁自幼刻苦好学，博览群书，尤其喜爱历史，立志要编写一部翔实可信的明史。但由于他家境贫寒，没有钱买书，只得四处借书抄写。有一次，为了抄一点史料，竟带着干粮走了一百多里路。经过20多年的奋斗，6次修改，谈迁终于在50多岁时完成了一部400多万字的明朝编年史——《国榷》。

面对这部可以流传千古的鸿篇巨制，谈迁心中的喜悦可想而知。然而，他没有高兴多久，就发生了一件意想不到的事情。一天夜里，小偷溜进他家，见家徒四壁，无物可偷，以为锁在竹箱里的《国榷》原稿是值钱的财物，就把整个竹箱偷走了。从此，这部珍贵的书稿就下落不明。

20多年的心血转眼之间化为乌有，这对任何人来说都是致命的打击，更何况此时的谈迁已经是体弱多病的老人了。他茶饭不思，夜难安寝，只有两行热泪在不停流淌。很多人以为他再也站不起来了，但厄运并没有打垮谈迁，他很快从痛苦中挣脱出来，又回到了书桌旁，下决心从头撰写这部史书。

经过4年的努力，他完成了新书的初稿。为了使这部书更加完备、准确，59岁的谈迁携带着书稿，特地赶到了都城北京。在北京的那段时间，他四处寻访，广泛搜集前朝的逸闻，并亲自到郊外去考察历史的遗迹。又经过6年的奋斗，一部新的《国榷》诞生了。新写的《国榷》共108卷，428万4千字，内容比原先的那部更加翔实、精彩，是一部不可多得的明史巨著。谈迁也因此名垂青史。

英国史学家卡莱尔也遭遇了类似的厄运。

卡莱尔经过多年的艰辛耕耘，终于完成了《法国大革命史》的全部文稿。他将这本巨著的底稿全部托付给自己最信赖的朋友米尔，请米尔提出宝贵的意见，以求文稿的进一步完善。

隔了几天，米尔脸色苍白、上气不接下气地跑来，告诉他一个晴天霹雳的消息："卡莱尔，是这样的，非常的抱歉，我必须向你说出这个悲剧，这很不幸，你的《法国大革命史》的底稿，已经全被我家的女佣人当做废纸，丢进火炉里化为灰烬了！"

卡莱尔在突如其来的打击面前异常沮丧。当初他每写完一章，便随手把原来的笔记、草稿撕得粉碎。他呕心沥血撰写的这部《法国大革命史》，竟没有留下任何可以挽回的记录。

但是，卡莱尔还是重新振作起来。他平静地说："这一切就像我把笔记簿拿给小学老师批改时，老师对我说：'不行！孩子，你一定要写得更好些！'"

他又买了一大沓稿纸，开始了又一次呕心沥血的写作。我们现在读到的《法国大革命史》，便是卡莱尔第二次写作的成果。

做一个强者需要一身硬骨头，跌倒了也能爬起来，失败了也能从头再来。拿破仑曾经说过："人生之光荣，不在永不失败，而在能屡仆屡起。"很多时候，失败并不可怕，可怕的是你没有面对失败的勇气，没有战胜失败的智慧，甚至没有再次站起来的毅力。在一次又一次的失败打击下依然能够坦然应对，坚持不懈，这才是成熟、睿智、豪迈的选择。

如今身在西班牙的华商李汝龙是个地地道道的温州人，而他之所以能够取得成功，就是因为他够顽强，够执着，敢于屡败屡战。

1990年的时候，李汝龙已经赚到了两万美元，这在当时，他已经算得上一个彻彻底底的万元户了，他本可以在家乡做点小生意，安稳、平静地度过一生。

但李汝龙没有，他心里的不安分因素又开始蠢蠢欲动，经过反复思量，他最后决定带着全部家当，去海外创业。

人离乡贱，虽然李汝龙已经做好了吃苦的准备，但现实的残酷远比自己的设想要严重得多。刚到法国的李汝龙打算从零开始，为了谋生，他制作起了皮包，眼看生意刚刚有点起色，灾难就发生了，他刚刚赚到的二十多万法郎被一伙骗子骗光了。

而就在这时，李汝龙的两个儿子也从国内到了法国，由于李汝龙刚刚被骗，身无分文，3个人只好蜗居在一处9平方米的房间里。3个人挤在一间9平方米的房间，这其中的辛酸可想而知。你要知道，在国内，李汝龙早已经拥有了一幢四百多平方米的豪宅，相较之下，当时的居住条件和国内简直是天壤之别。

但李汝龙没有放弃，他只是把这种艰苦条件当做自己奋斗的动力。有一天，李汝龙发现，法国有很多不要的碎皮，他就用这种廉价的原材料来制作箱包，意想不到的是，用碎皮制作出来的箱包竟然受到了当地人的青睐，这令李汝龙兴奋不已。

但不幸再次发生了，当李汝龙准备扩大公司规模的时候，他又遭到了一伙匪徒的抢劫，刚赚到的一桶金再次消失。

这时，温州人骨子里那种不服输的精神再次充盈在李汝龙的脑子里，他仍然坚持做皮包生意。

有一次，李汝龙看到了一种款式新颖的皮包，然后联系皮包厂家，学习制造工艺，自己开始制作这样的皮包，最后他取得了成功。之后，他拥有了千万资产，从而开创了属于自己的皮包商业王国。

在遇到挫折、失败的时候，我们或许选择过，是继续奋斗还是就此放弃？是屡败屡战还是一蹶不振？其实，失败与成功同在，痛苦与幸福并存。只能领受成功的欢悦，而无法面对失败的现实的人，就注定难以冲出自设的牢笼。

所以，不要因为失败而变成一个懦夫，人生不怕屡战屡败，怕的是没有再上战场的勇气。我们只有在失败面前毫不退缩，百折不挠，才能为自己开创光辉的未来。

第七章
对自己狠一些，离成功近一些

在生活中，我们总是会遇到各种各样的困难。很多人在遇到困难时，往往选择了逃避，从此一蹶不振，沦落到失败的境地；而那些坚韧不拔者则不然，他们坚信世上没有趟不过去的河，没有越不过去的山，所以他们能迎难而上，从而踏上成功之路。

当眼泪流尽的时候，留下的应该是坚强

著名心理学家詹姆斯曾经说过："世界由两类人组成：一类是意志坚强的人，另一类是心态薄弱的人。后者面临困难、挫折总是逃避，畏缩不前。面对批评，他们极易受到伤害，从而灰心丧气，等待他们的，也只有痛苦和失败。但意志坚强的人不会这样。他们的内心都有股与生俱来的坚强特质。所谓坚强的特质，是指在面对一切困难时，仍有内在勇气承担外来的考验。"

胜利的果实往往藏在荆棘之后，高山之上，非勇敢无畏者不能抵达。如果一个人不够坚强，他成功的几率就几乎为零，因此成功只属于强者。

有一天，一个乞丐沿街走到一家门口，这家的女主人看到讨饭的人很年轻，心里头先有了一丝瞧不起的意思。说话间，她发现乞丐的一只袖子里面是空的，原来这是一个独臂的残疾人。她就告诉乞丐："你向我讨饭可以，我给你五十元钱，但是你必须为我做件事情。"乞丐问："做什么事？"她说："你不是看到了吗，我这门前有一堆砖，你给我把它搬到院子里吧。"乞丐心里想，你明明看出我只有一只胳膊，还让我搬砖，这不是存心为难我嘛！气愤归气愤，但吃饭是一件重要的事情啊。他只好单臂夹砖，干了整整三个小时，好歹把所有的砖都搬进了院子。女主人果然给了他五十元钱。过了几天，这个乞丐又来讨饭了，女主人这次让他把院子里的砖再折腾回院外，还是给他五十元钱。家里人都不理解地说："这些砖好好地堆放在那里，你何必让一个残疾人来回地搬来搬去，你这样做是不是太残忍了？"女主人也不解释，只是笑了笑。

十几年过去了，岁月不饶人，当年的女主人也已经老了。有一天，家里的小保姆说："外面来了一个中年男人，他指名道姓地非要见你不可，要和你当面说几句话。"老妇人说："让他进来吧。"门开了，老妇人一眼就认出来了，客人原来就是当年搬砖的那个乞丐。但是今非昔比，坐在她面前的这个中年男人穿着华贵，气宇不凡。这时候，客人说话了："夫人，我今天特意登门道谢。如果不是你那次让我搬砖，我永远都认为自己是一个缺了胳膊的残疾人，这一生只能讨饭了。可是，搬砖的经历让我知道了自己还能做事情。我现在已是一家房地产公司的老板了，我今天把这张支票留给你，具体的钱数由你随意填写。我还在城里为你安排了房子，接你过去安度晚年。因为没有你昨天的良苦用心，就没有我今天的作为。"这时候老妇人笑着答话了，她说："你一只胳膊的人都能养活自己，我是有两只胳膊的人，如果我还养不活自己，反而要依靠你，这话说不过去啊。"

海明威曾经说过："人不是生来被击败的，人可以被毁灭却不可以被击败。"成功的条件有很多，像天时、地利、人和，但最关键的还是坚强。只有坚定信念，依靠自己，顽强拼搏的人，才能找到属于自己的未来，把握好自己的未来。

人的成长总要遇到各式各样的磨难，生存的磨难、情感的磨难、创业的磨难，如此等等，不计其数。面对这些磨难，我们是应该逃避还是面对？如果我们一味逃避，则有可能终生被磨难包围，郁郁不得志。而如果我们想要战胜磨难，靠的是什么？靠的就是坚强！

遭受过磨难的人都是有福的，因为命运给了你一次战胜自我、重塑自我的机会。所以，我们应该学会感谢那些折磨我们的人和事。当眼泪流尽的时候，留下来的应该是坚强。

　　一个年轻人，从小就是人见人爱的孩子。上学时是三好学生、班干部，初二那年参加全国奥数比赛，获得了一等奖。

　　不满17岁，他就被保送到一所知名大学深造。然而，命运在他接到录取通知书的那天，给他开了个很大的玩笑：一次过马路时，一辆飞驰而来的车辆无情地夺去了他的双腿和左手。

　　面对这飞来横祸，他曾沉寂过一段时间。但是很快，他又重新振作起来，以惊人的毅力自学完全部大学课程，后来又创办了自己的公司，成为一家拥有上千万元固定资产的私企老总，并当选为市里的"十大杰出青年"。

　　有一次记者去采访他，问他如何克服难以想象的惨痛折磨，取得今天的成绩。

　　完全出乎记者的预料，他最想感谢的既不是给他巨大关爱的父母，也不是一直鼓励和支持他的朋友。面对记者的提问，他的回答是：我要感谢两棵树！

　　这一场飞来横祸，对于从小心高气傲、自尊心极强的他来说，无疑是世界末日的降临。看着已经残缺不全的躯体，他曾无数次想过自杀，但是一看到母亲那双慈爱的眼睛，他又忍住了。后来，为了让他转移注意力，母亲特意把他送到乡下的姑妈家静养。

　　在那里，他遇到了决定他生命意义的两棵树。

　　姑妈家住在一个远离城市的小村子里，宁静、安逸，甚至有些落后。这里没有斑马线，没有红绿灯，没有巨大的广告牌，也没有令人厌烦的喧嚣噪音，是一个乌托邦式的小社会。

　　他就在姑妈家住了下来，并一住就是半年多，每天除了吃饭、睡觉，没有其他的事可做。他感觉自己的一生都将这样荒废了。

　　一天下午，姑妈家的人下田的下田，上学的上学，仅他一人在家。百无聊赖的他，自己摇动轮椅走出了那个小小的院落。

就这样，似有冥冥中的安排，他与那两棵树不期而遇。

这是两棵非常奇特的榆树，它们像麻花一样扭曲着枝干，但却顽强地向上挺立着。两棵树之间，连着一根七八米长的粗粗的铁丝，铁丝的两端深深嵌进树干里。活像一只长布袋被拦腰紧紧系了一根绳子，呈现两头粗、中间细的奇怪形状。

这时，一位村民过来告诉他，起初是为了晾晒衣服的方便，七八年前，有人在两棵小榆树之间拉了一根铁丝。时间一长，树干越长越粗，被铁丝缠绕的部分始终冲不出束缚，被勒出了深深一圈伤痕，两棵小树奄奄一息。就在大家都以为这两棵榆树难以成活的时候，没想到第二年一场春雨过后，它们又发出了新芽，而且随着树干逐渐变粗，年复一年，竟生生地将紧箍在自己身上的铁丝"吃"了进去！

突然间，他感觉自己的心犹如被大锤一击。面对外界施加的暴力和厄运，小树尚知抗争，而作为一个人，又有什么理由放弃对生活的努力呢！面对这两棵榆树，他感到羞愧，同时也激起了深藏于内心的那份不甘——只见他用自己仅存的右手，艰难地从坐了半年多的轮椅上撑起整个身体，恭恭敬敬地给那两棵再普通不过，却又再坚强不过的榆树，深深鞠了个躬！

很快，他便主动要求回到城里，拾起了久违的课本还有信心，开始了属于自己的新的生活。

有一首歌这样唱道："有时候我也会碰到不如意，宁愿哈哈大笑，也不要哭哭啼啼，不要浪费时间一直躲在后悔里，要找回那颗不认输的心。"温室里的花朵，禁不起自然界的狂风暴雨；母鸡的翅膀下，飞不出翱翔天际的雄鹰。一个成功的人士，必定在其成长的过程中会遭受很多苦难。

这个世界上能够到达金字塔顶端的只有两种动物：一种是雄鹰，一种是蜗牛。雄鹰可以一飞冲天，靠着自己强有力的翅膀，穿越云霄，直接飞到塔顶；蜗牛只能一步步向上爬，一个月，两个月，甚至一年，两年，最终收获跟雄鹰一样的成就。蜗牛为什么能够抵达金字塔顶端？他凭借的是一份永不言败的坚强。所以，当你遇到磨难时，请擦去眼角的泪水，继续前进吧！

勤奋和智慧是双胞胎，懒惰和愚蠢是亲兄弟

在我们周围，很多人之所以失败并非归咎于他们的智商和能力。这些人在年轻的时候，也曾有过种种的梦想和计划，他们如果能将这些梦想和计划都付诸于行动，那么他们本来可能成为流芳百世的大人物。然而，是一种叫做"懒惰"的恶习害了他们。

懒惰是一种心理上的厌倦情绪，行为上表现为空想、拖延、不按时完成任务等。懒惰由很多因素引起，生气、嫉妒、羞怯、犹豫不决等都会导致人停步不前，懒散行事。懒惰是人人都有的一种心理倾向，是一个人成功路上的最大敌人。

英国著名作家伯顿在他的名著《忧郁和剖析》一书中说："懒惰是一种毒药，它既毒害人们的肉体，也毒害人们的心灵。无论多么美好的东西，人们只有付出相应的劳动和汗水，才能懂得这美好的东西是多么的来之不易。"

很久以前，在一个偏远的小镇上，有三个人坐在一个小旅店的外面。他们看见一个送葬的队伍经过，便让一个在小旅店工作的年轻人去打听打听是谁死了。

小伙子回来说："是你们的老朋友，名叫'成功'，他被一个看起来挺可爱的名叫'懒惰'的贼悄悄地谋杀了。"三人中年龄最大的人转过身，对他的两个朋友说："这个叫'懒惰'的家伙到底是谁？为什么人们都讨

厌他，他又为什么要谋杀人类？咱们一起去找'懒惰'，然后把他干掉，免得他再害人。"于是，他们打算去找"懒惰"，终止他的罪行。

他们走进小旅店，向旅店老板打听到哪儿才能找到那个叫"懒惰"的家伙。那个老板说："沿着这条路走5公里，有一个村庄。最近，那里流行一种瘟疫，男女老少都吃了睡，睡了吃，根本无心做事。我敢肯定，在那个倒霉的地方，你们一定能找到那个叫'懒惰'的家伙。"

三个人朝那个村庄出发了，他们精神抖擞，情绪高昂。他们刚刚走了三公里就碰上了一个相貌丑陋的老太太。他们嘲笑那老太太的皱纹和她的满头白发，还取笑她的脏乱的衣服，尽管老太太神色惊慌，可是他们还是挡住她的路，不放她走。

"求求你们，给我让条路吧。"老太太哭泣道，"我告诉你们，'懒惰'正在追缠着我，想杀死我，我必须逃掉，才能活下去。我不想死，赶快把路让开。"

"我们不会让开路的，"那个领头的人说，"快告诉我们到哪里才能找到那个叫'懒惰'的家伙？他杀了我们的好朋友'成功'，等我们找到他，我们一定要把他碎尸万段。"

那老太太说："先生们，如果你们真想找到'懒惰'的话，只要跑到那山顶上，看到一座红房子，你们就能找到它。"

三人听到这话，就放老太太走了。

他们跑上山走进那座红房子里，并没有发现"懒惰"，却发现那座红房子简直就是天堂。房子里面有精美的食物，有无数好玩的器具，有舒适的床铺，有漂亮的衣服，还有用不完的金钱。在这里什么都不用做，只有享不尽的荣华富贵。三个人开心地看着这一切，很快就把寻找"懒惰"的事忘得一干二净。

从此以后，三个人什么也不做，只是吃喝玩乐，尽情享受。渐渐地，他们身体长得肥胖了，精神变得颓废了。由于什么都不愿做，疾病也渐渐缠上了身，但他们谁也不愿放弃这种舒适的生活，他们每天和那个看起来挺可爱的"懒惰"成了形影不离的好朋友。

有一天，他们突然看到"死亡"正微笑着走来。他们惊慌地想离开，而"懒惰"却紧紧地压迫着他们，不让他们动弹。就这样，三个人都被"死亡"带走了，和那个被"懒惰"杀死的"成功"埋在了一起。

"勤劳是立身之本，懒惰是败业之魔"，要想有所作为，就必须要吃常人不能吃的苦，每时每刻都鞭策自己前进。收获与付出是成正比的，一个生性懒散、得过且过的人，永远都不会尝到成功的果实。

俗话说："一懒百病生。"一个人一旦染上了懒惰的恶习，就会成为一个精神沮丧、无所事事、浑浑噩噩的人。这些人往往天真地相信"车到山前必有路"，把本应该今天做的事拖到明天，把本应该当机立断作的决定拖到以后，把宝贵的光阴一寸一寸地消耗在自以为逍遥无忧的日子当中去了。等他们警觉的时候，时间已经成为了奢侈品。

要想在这个时代脱颖而出，你就必须付出比以往任何时代更多的勤奋和努力，保持一颗积极进取、奋发向上的心，否则你只能由平凡转为平庸，最后变成一个毫无价值和没有出路的人。

在任何一个成功者的字典里，都能找到"勤奋"二字而找不到"懒惰"二字。勤奋是一种习惯，懒惰也是一种习惯。勤奋的习惯让人珍惜时间，勇往直前，从而一步一步迈向成功；懒惰的习惯让人浪费时间，做事情拖延，容易半途而废，而这些都是成功路上的最大障碍。所以，我们不管在何时、何地，都一定要克服懒惰的恶习，用自己勤奋的双手去开启成功的大门。

山高怎阻野云飞

　　俗话说："人生不如意者十之八九。"每个人的一生都不可能是风平浪静、一帆风顺的。要赶路就别怕摔跤，人生最重要的不是在哪里跌倒，而是跌倒后能够爬起来。

　　在生活中，我们总是会遇到各种各样的困难。很多人在遇到困难时，往往选择了逃避，从此一蹶不振，沦落到失败的境地；而那些坚韧不拔者则不然，他们坚信世上没有淌不过去的河，没有越不过去的山，所以他们能迎难而上，从而踏上成功之路。

　　善静和尚二十七岁的时候，弃官出家，他去乐普山投奔元安禅师，禅师让善静管理寺院的菜园，在劳动的过程中修行。

　　有一天，寺内一位僧人认为自己已经修业成功，可以下山云游了，于是就到元安禅师那里向他辞行。当然，下山是要等到禅师的批准的。

　　元安禅师听了僧人的请求，笑着对他说："四面都是山，你往何处去？"

　　僧人无法想出其中蕴涵的禅理，只好转身回去。

　　僧人无意走进了寺院的菜园子。善静正在锄草，看见僧人愁眉苦脸的样子，惊讶地问："师兄为何苦恼？"

　　僧人就将事情的来龙去脉一五一十地告诉了他。

　　善静马上想到"四面的山"就是暗指"重重困难""层层障碍"。元安禅师实际上是想考考僧人的信念和决心。可惜，僧人参透不了师父的旨意，于是笑着对僧人说："竹密岂妨流水过，山高怎阻野云飞。"意思是：只要有决心，有毅力，任何高山都无法阻挡。

僧人于是就来到元安禅师那里，对禅师说："竹密岂防流水过，山高怎阻野云飞。"

僧人以为师父一定会喜笑颜开地夸奖他，然后准他下山，谁知元安禅师听后，先是一怔，继而眉头一皱，两眼直视僧人，问道："这肯定不是你拟的答案！是谁帮助你的？"

僧人见师父已经察觉，只好把善静和尚的名字说了出来。

无安禅师对僧人说："管理菜园的善静，将来一定会有一番作为的！多学着点吧，他都没有提出下山，你还要下山吗？"

人的一生很像在大雾里行走，远远望去，只是灰蒙蒙的一片，不知道前方是千仞高山还是万丈悬崖。可是当你鼓起勇气，放下所有的担忧和怀疑，一步一步往前走的时候，你就会发现，再高的山都是可以被攀登的，再大的困难都是可以被克服的。

多年前，一个世界探险队准备攀登马特峰的北峰，在此之前从来没有人到达过那里，记者对这些来自世界各地的探险者进行了采访。

一位记者问其中的一名探险者："你打算登上马特峰的北峰吗？"他回答说："我将尽力而为。"

记者又问另一位探险者同样的问题，这名探险者回答道："我会全力以赴。"

第三位探险者面对前面的问题，回答说："我将竭尽全力。"

最后，记者问一位来自美国的青年："你打算登上马特峰的北峰吗？"这个美国青年直视着记者回答说："我将要登上马特峰的北峰。"

结果，所有探险者中，只有一个人登上了马特峰的北峰，那个人就是说

"我将要"的美国青年。他出发时就想象自己到达了北峰，结果他的确做到了。

"没有比脚更长的路，没有比人更高的山"，生活中的任何困难，都不会把我们逼进死胡同。只要我们下定决心，敢于和困难作斗争，就没有克服不了的困难。

1965年，一位韩国学生到剑桥大学主修心理学。在喝下午茶的时候，他常到学校的咖啡厅或茶座听一些成功人士聊天。

这些成功人士包括诺贝尔奖获得者、某一些领域的学术权威和一些创造了经济神话的人，这些人幽默风趣，举重若轻，把自己的成功都看得非常自然和顺理成章。时间长了，他发现，在国内时，他被一些成功人士欺骗了。那些人为了让正在创业的人知难而退，普遍把自己的创业艰辛夸大了，也就是说，他们在用自己的成功经历吓唬那些还没有取得成功的人。作为心理系的学生，他认为很有必要对韩国成功人士的心态加以研究。

1970年，他写了《成功并不像你想象得那么难》一书，并把它提交给自己的导师——现代经济心理学的创始人威尔·布雷登教授。布雷登教授读后，大为惊喜，他认为这是个新发现，这种现象虽然在东方甚至在世界各地普遍存在，但此前还没有一个人大胆地提出来并加以研究。惊喜之余，他写信给他的剑桥校友——当时正坐在韩国政坛第一把交椅上的人朴正熙。他在信中说，"我不敢说这部著作对你有多大的帮助，但我敢肯定它比你的任何一个政令都能产生震动。"

后来，这本书果然在全世界引起了轰动。这本书也鼓舞了很多人，因为它从一个新的角度告诉人们，成功并不需要你"三更灯火五更鸡"，也不需要你"头悬梁，锥刺股"。只要你对某一项事业感兴趣，并坚持不懈地努力到底，就一定能取得成功。后来，这位青年也获得了成功，他成了韩国泛业汽车公司的总裁。

　　美国前总统罗斯福说："克服困难的办法就是找办法，而且，只要去找，就一定有办法。"现在，不少人畏惧困难已成恶习，他们害怕前进、害怕奋斗、害怕犯错……他们所不知道的是，成功就是个连续犯错的过程，只有不怕犯错，不畏困难，勇于向人生中的逆境挑战，才能更快地走向成功。

要做就做最好

"你知道世界上最高的山峰是哪座吗？"

"珠穆朗玛峰！"也许很多人都会不假思索地脱口而出。

"那世界第二高峰呢？"

很多不热衷地理的人可能就答不出来了。

世界上第一个进入太空的人是谁？加加林！那第二个呢？世界上第一个登上月球的人是谁？阿姆斯特朗！那第二个呢？现任美国总统是谁？奥巴马！那副总统呢？这就是"第一名"的魔力，人们只关注第一名，却往往冷落了第二名、第三名。

"第一名效应"给我们的启示是，一项工作，我们要么不做，要么就要做到最好，千万不能抱着无所谓、马马虎虎、敷衍了事的态度。不管面对任何工作，我们都应该积极地开发自己的大脑，勇于承担责任，追求每个细节上的完美，这样一来，我们才能在自己的岗位上干出非凡的业绩。

有一个有关韦尔奇的故事。韦尔奇曾自以为专业知识和能力很扎实，所以对待工作也很随意。有一天，老板直接交给他一项任务：为一家知名企业做广告策划方案。由于这件事情是老板亲自交代的，韦尔奇自然不敢丝毫懈怠。一个月后，他拿着自己设计的方案走进了老板的办公室，毕恭毕敬地放在老板的办公桌上。

谁知老板只是随便地看了看，说："这就是你能做得最好方案吗？"

　　韦尔奇一愣，没敢吱声，拿起方案，走回了自己的办公室。

　　韦尔奇纹尽脑汁，思考了好几天，修改后交到老板面前，老板还是那句话："这就是你能做得最好方案吗？"

　　第一次老板这样说的时候，他只想好好改改一定就没问题了。而第二次，老板又这样说的时候，韦尔奇似乎听到了一种轻视和不满的声音，但是，他没有反抗，又拿着方案回到了自己办公室，暗暗下决心一定要拿出一个最好的来。

　　这样反复了四五次。最后一次的时候，韦尔奇充满自信地说："是的，我认为这是最好的方案。"果然，方案被批准通过了。

　　这次经历之后，韦尔奇感叹地说："不要惧怕老板的不满，更不要惧怕要求的苛刻，只要努力地不断改进，不断完善，就一定能做得最好。"

　　在后来的工作中，韦尔奇学会了一个给自己出难题来提高自己工作质量的方法，那就是经常问自己："这就是我能做得最好方案吗？"然后对其进行不断地改善。

　　"打工皇帝"唐骏曾说："如果大家都以任期长短来判断我干得好坏，那我一定设法使我的任期超过前面任何一任。既然我已经出任这个职位，我就是最好的。""要做就做最好"应该成为我们每个人时时刻刻的格言。如果每个人都遵守这一格言，无论干什么事都全力以赴，追求尽善尽美，那么人类的生活不知要进步多少呢。

　　新东方学校创始人，现任新东方教育科技集团董事长兼总裁俞敏洪外出演讲时，有学生问："俞老师，我怎么样才能把一个培训机构干得和你一样大？"

　　俞敏洪回答："很简单，先到新东方来打扫卫生。如果你把卫生打扫得非常干净，那么我把你提升为卫生部长；如果你卫生部长干得好，你就变成新东方后勤主任；等到你变成新东方后勤主任的时候，我就把你送到哈佛大学去学习；学习完了回来我就把后勤行政全部交给你，你就变成后勤行政总裁；这时候你已经变成了'二把手'，我'一翘辫子'你就是公司总裁了！"

当新来公司的你被安排去扫地、打水，甚至去扫厕所时，你有两个选择：要么积极乐观地接受它，然后尽力把它做到最好；要么消极地对待它，抱怨、流泪、摔东西，或者跳槽。但是，如果你能够把平凡、最不起眼的事做好，你就成功了一半。

查理·贝尔曾任麦当劳的执行总经理，负责管理麦当劳在全球118个国家多达三万余个餐厅的运营。翻开贝尔的履历，许多人生的亮点光彩夺目，而他深深铭记的时刻却是1976年，15岁的他迫于生计，到麦当劳求职。

那时，贝尔因为家境极其贫寒。于是他找到麦当劳店的店长，请求给他一份工作。贝尔营养不良，瘦骨嶙峋，脸上没什么血色，浑身土里土气。店长看他这副模样，委婉地拒绝了他，说这里暂时不需要人手，希望他到别的地方去看看。

过了几天，店长没有料到，贝尔又来了，他言辞更加恳切地请求他给份工作，即使是没有报酬也行。见老板没有吭声，贝尔感到了一点希望。他小声说："我看到您这里厕所的卫生状态似乎不是太好，这样也许会影响您的生意。要不，安排我扫厕所吧，只要给我解决吃住就行了。"店长没有办法，就答应了让贝尔扫厕所试试看。

扫厕所，在一般人眼中都是鄙视的，认为是没有出息的工作。可是，贝尔却认为这是他人生事业的一块最坚实的基石。

他每天清晨天还没亮就起床，把厕所彻底清扫一次。然后每隔一段时间就去维护。不久，他对扫厕所也摸索出了规律：先把大的纸张扫了，然后洒干灰在那些湿脏的地方。让灰把水吸干，再扫，效果比直接扫好多了。记得有一次半夜，有人上厕所时，还看到贝尔睁着惺忪的眼睛在查看厕所是否弄脏了。

他还在厕所里摆放了些花草，让人在麦当劳的厕所中也能够欣赏美。另外，还把自己记得的谚语警句写了些贴在厕所的墙上，增加其中的文化气息，让人在方便的时候，可以感受文化的魅力。贝尔的所有心思全部放在厕所上。确实，他的到来，让那店的厕所卫生状况大为改观，有人甚至说，"比那些不太讲究的餐馆还要干净。"

经过三个月的考察，店长正式宣布录用贝尔，安排他去接受正规的职业培训。接着，店长又把贝尔放在店内各个岗位锻炼。19岁那年，贝尔被提升为澳大利亚最年轻的麦当劳店面经理。1980年，他被派驻欧洲，使那里的业务扶摇直上。此后，他先后担任麦当劳澳大利亚公司总经理，亚太、中东和非洲地区总裁，欧洲地区总裁及麦当劳芝加哥总部负责人，直到后来担任管理全球麦当劳事务的执行总经理。

"要做就做最好"体现的是一种负责的敬业精神，一种完美的执行能力，一种诚实的职业道德，一种自发的工作态度。很多人都推说自己太忙了，没时间把工作做到至善至美。其实不然，我们的生活有充足的时间让我们做到完美。追求尽善尽美、坚持不懈的习惯，会让你一辈子受益无穷。

人生就像一杯茶，不会苦一辈子，但会苦一阵子

西方有位哲人说过："在肥沃的土地上盛开着美丽的花朵，而那些枝繁叶茂的参天大树，却生长在岩石缝中。"人生也是如此，但凡在历史上做出过突出贡献的人物，他们都经历了许多的不幸与苦难。

在现实生活中，我们很多人都把"一帆风顺""事事顺心"看作是一种幸福，其实不然，苦难才是我们一生中最伟大的财富。我们一生下来，上帝让我们做的第一件事就是啼哭。由此可以看出，人只有经历苦难，才能获得新生。

原先，净业寺有颗巨大的古松树，在一天夜里被雷电劈死了，留下光秃秃的树干伫立在那一年多。

于是寺人决定砍了大树，并用树的外层做成木地板铺在大殿，内层雕刻成了一尊大佛。

每日都有很多人来寺庙里拜佛。一天夜里，主持在门口听见了木地板在和木雕大佛对话："你我都是同一棵松树上的木材，为什么你每天有络绎不绝的人供奉礼拜，而我却只能被人踩在脚下？"

大佛说："你我虽然同根生，但是，我们的经历却大大不同。你只是被刨过几次成为木板，而我是经过工匠千刀万剐的雕刻才成大佛的啊……"

大佛之所以受万人礼拜供奉，是因为它经历了常人难以想象的苦难。"自古英雄多磨难，从来纨绔少伟男。"人生就像这尊大佛一样，是一个不断被雕刻、打磨的过程。一个人只有勇于面对苦难并克服它，才能逐渐走出失败的深渊，成为最后的赢家。

丘吉尔有一位私交甚笃的朋友，名叫约翰·艾顿，他是一名成功的汽车商人。在一次聚会上，艾顿对丘吉尔叙述了他的过去：父母早逝，是姐姐帮人洗衣服、干家务，辛苦挣钱将他抚育成人。姐姐成家后，姐夫又将他撵到舅舅家。舅妈更是刻薄成性，在他读书时，规定每天只能吃一顿饭，还得干好收拾马厩和剪草坪等杂活。刚当学徒时，他根本租不起房子，有将近两年的时间是躲在郊外的一处废旧的仓库里睡觉……

丘吉尔听后惊讶地问："以前怎么没听你说过这些呢？"艾顿笑道："有什么好说的呢？正在受苦或正在摆脱受苦的人是没有权利诉苦的。"这位曾经在生活中失意、在苦难中挣扎了很久的汽车商缓缓地向丘吉尔谈出了自己的观点："苦难对于每一个人来说并非都是财富，苦难变成财富是有条件的。这条件就是你战胜了苦难并远离它，不再受苦。只有在这时候，苦难才是你值得骄傲的一笔人生财富。别人听着你的苦难时，也不觉得你是在念苦经，只会觉得你是个意志坚强、值得敬重的人。但你如果还没有战胜苦难，摆脱苦难的纠缠，在这个时候你说你正在受苦难，无异于是在请求廉价的怜悯甚至乞讨……"

正是艾顿的这一席话，使丘吉尔重新修订了他"热爱苦难"的信条。后来他在自传中这样写道："苦难，是财富还是屈辱？当你战胜了苦难时，它就是你的财富。可当苦难战胜了你时，它就是你的屈辱。"

一帆风顺，不起波澜的人生是不存在的，挫折、失败、苦难、不幸常常会伴随着我们。既然无法回避，那就不要回避。当不幸和苦难降临时，千万不要被它吓倒，而是要勇敢地抬起头来，充满自信地去面对它。

苦难是一所好学校，它教会我们如何坚持不懈，如何乐观向上，如何顽强拼搏。人的意志只有经过苦难的洗礼才能变得无比坚强。否则，人就像温室里长大的花朵，不但经不起风吹雨打，更与成功无缘。

1930年3月，正是春寒料峭的季节，美国田纳西州的一个街道上，一个四十多岁的中年人，正挣扎在饥饿的边缘。

在此之前，他是一位出色的售货员，曾经为田纳西的无数个商店经销过商品，他的营销策略为他们带来了巨大的商机和利润，但好景不长，一次不好的时运，葬送了他的营销之路。

正当他走投无路时，他发现一家小餐厅的外面挂着招聘广告，他们这里要招收厨师，但薪金却低得可怜，一年的工资还不如自己以前一个月的多，在饥寒交迫面前，他放弃了理想和自大的念头，推开那扇原本虚掩的门，开始了一种新的生活。

他的任务是烹制鸡块，这是他以前从未做过的行业，但做起来其实也很简单，他只需要按照人家的配料把鸡块扔进锅里煮，然后把它捞出来，整个过程就这么简单。

和他在一起的有三个人，他们一个个懒得要命，见到有生人来，便将全部的工作变本加厉地给了他，他本想发作，但想到自己刚来，本来就应该多做一些，便忍气吞声地埋头苦干。

几个流程下来，他竟然掌握了煮鸡的整个过程，他觉得这种做法是有问题的，他曾经尝过用这种方法制作成的鸡块，没有一点香味，这直接导致了这家生意的惨淡。

他给老板提建议，提出应该改善一下配方，多加一些香料或者其它调料，老板没听进去，告诉他：你的职责是制作鸡块，这些不是你考虑的，不要多管闲事，我这里可是祖传秘方，不会有错的。

他的好意换来了一顿谩骂，他气愤交加，本想扬长而去，但一种钻研的思想还是使他留了下来，灵光闪现的瞬间，他似乎找到了一条属于自己的奋斗之路。

在工作中，他利用别人休息的时间到厨房里钻研，并且在鸡块上试着加一些其他的香料。

一天，他无意中将一块鸡腿掉进了正在加热的油里，感到万分紧张，因为老板说过油是不能够随便浪费的，一旦发现就要被罚款或者扣掉工资，幸亏没人发现，他赶紧拿出了鸡块，但扔了可惜，他便将它扔进嘴里，一个奇迹出现了，他感觉无意中炸出的鸡块香辣可口，他觉得成功在向自己招手。

经过无数次的研制，1932年的6月，在他的家乡，离田纳西州不远的肯德基州，他推出了一种新型的快餐食品——炸鸡，很快，这种食品适应了人们快节奏高效率的生活方式，开张不到一年，它的声誉便传遍了整个肯德基州。

然而，天有不测风云，人有旦夕祸福，第二次世界大战的爆发以及横跨肯塔基的高速公路的兴建给他带来了沉重的打击，打乱了他所有的计划，为了偿还债务，他不得不变卖资产，甚至连他的银行存款也用的一干二净。一夜之间，他从一个受人尊重的富翁再次变成了一个身无分文的穷汉。

这时候，他已经66岁了，只能凭借政府发放的少得可怜的105美元维持生计，生活极为窘迫，然而年过花甲的他并未就此放弃，他打算白手起家，重新来过。

于是他载着自己的炸鸡秘方，从肯塔基州到俄亥俄州挨家挨户地兜售，将自己的想法告诉每一家餐馆老板。如果有哪一家中意这一口味，就卖给他们特许权，提供作料，并且教他们炸制的方法。

开始的时候，没有人相信他，饭店老板甚至觉得听这个怪老头胡诌简直是浪费时间。接下来的两年时间里，他驾着自己那辆又旧又破的老爷车，足迹几乎遍及美国的每一个角落。困了就和衣睡在后座，醒来逢人便诉说他的那些点子。他为人示范所炸的鸡肉，经常就是果腹的餐点。

整整两年，他被拒绝了1009次，终于在1010次的时候，他的点子被别人接受了。

这个人就是肯德基的创始人桑德斯上校，说起自己晚来的成功，他只说了一句话："我相信苦难，因为苦难是一种人人敬而远之的味道，但我喜欢将它夹在面包里慢慢品尝。"

现在，肯德基已经遍布全球80多个国家，目前拥有超过9600家连锁店，在这个地球上，几乎每天都有一家肯德基店开张。

人们为了纪念桑德斯上校，就在所有的肯德基店前树立一尊他的雕像，以此作为肯德基的形象品牌。

苦难可以毁灭一个人，也可以成就一个人。真正的强者会把苦难当成前进的阶梯，当成人生中的一笔财富；弱者只会在苦难中自怨自艾、自甘沉沦。经历苦难并不是什么坏事，相反它是促进成功的试金石。司马迁说："文王拘而演《周易》；仲尼厄而作《春秋》；屈原放逐，乃赋《离骚》；左丘失明，厥有《国语》；孙子膑脚，《兵法》修列；不韦迁蜀，世传《吕览》；韩非囚秦，《说难》《孤愤》；《诗》三百篇，大抵贤圣发愤之所为作也。"不可否认，这些先贤们都曾生活在巨大的苦难里，但同样不可否认，苦难激发了他们反抗命运的斗志，于是便诞生了一系列传奇。

人生就像一杯茶，不会苦一辈子，但会苦一阵子。为了躲避一时之苦而退缩不前的人，恐怕真的会苦一辈子。消极的出世并不能带来真实的快乐，只有积极地知苦、体会苦、从苦难中成长，才能真正离苦得乐。所以，让我们做个生活中的强者吧，笑对苦难，笑对生活！只有能笑对苦难的人，才能拥有一个辉煌的人生。

保持饥饿，保持愚蠢

在非洲的原野上，生活着狼群和鹿群，每天，人们都能看到狼群追逐鹿群这样一种壮观的生存竞争的场面。

后来，动物学家开始干预了，他们想消灭狼群，发展鹿群。不久，原野上的狼群都被消灭了。

自从没有狼群的追逐之后，每一头鹿早上一睁开眼睛就开始吃，吃饱了倒头就开始睡，这些鹿长得又高又肥。但由于缺乏运动，它们在很年轻的时候就得了冠心病，很快便死于冠心病。又由于这些鹿又肥又虚弱，生育的能力很差，繁殖的速度很慢。

若干年之后，动物学家又回到这片非洲的原野上，想看看没有狼群之后，鹿群的数量到底有没有增加。让动物学家们失望的是，自从没有狼群之后，鹿群的数量不仅没有增加，还在减少。

动物学家开始寻找治疗鹿群冠心病和生育无能的药物和办法，却徒劳无果。最后，动物学家采用了一个没有办法的办法，那就是重新把"狼医生"给请了回来。

不久，动物学家又在非洲的原野上繁殖了狼群。自从有了狼群之后，每一头鹿早上一睁开眼睛就在想：今天我一定要跑得比狼还要快，这样我才能逃脱，才能生存下去。所以，鹿越跑越快，越跑越强壮，越跑生育的能力越强，繁殖的速度越快。每一头狼早上一睁开眼睛也在想：今天我一定要跑得比那些最慢的鹿还要快，这样我才能追上它们，有东西吃，才能生存下去。所以，狼也是越跑越快，越跑越强壮，越跑生育的能力越强，繁殖的速度越快。因为有生存的竞争和压力，双方都得到了快速发展。

美国苹果公司创始人史蒂夫·乔布斯，说过这样一句话："财富不可避免地会束缚一个人的开拓能力。而唯有那些能够始终保持饥饿，保持愚蠢的人，才可以逃脱那不可避免的不智与下沉。"

很多人都愿意花很多时间和精力去努力完成自己想要做的事情。可是在取得一定的成就后，一些人便自足自满、固步自封，不愿意再往前走一步了。美国的一项统计表明，很多曾在年轻时就荣获诺贝尔奖的人，在后半生里却一直碌碌无为。原因是他们自满于已经取得的成就，有种"饱"的感觉，丧失了奋斗的激情了。所以，想要取得更大的成就，就必须忘掉曾经的荣耀，时刻保持一种"饥饿感"。

保持饥饿，是为了让自己保持敏锐，保持清醒。只有在饥饿的情况下，人的本能才会促使自己出去寻找食物，才会艰苦奋斗。人，不怕一无所有，就怕撑不死饿不着，守着一根鸡肋，弃之可惜，食之无味。

奥里森·马登说过："如果一个年青人的境遇不逼迫他工作，让他感到生活上的不满足，那么他就不会再努力奋斗。"动物园的老虎为什么早就没有了百兽之王的威严，只是因为它在笼子里呆久了，吃得太饱，早就丧失了饥饿感，消磨了野心，就只知道闲庭信步，忘了自己的野性，逐渐沦为一只超大号的猫。

"日本水泥大王"——浅野水泥公司的创办人浅野总一郎，在他23岁时，曾经穿着破旧不堪的衣服，落魄潦倒地从富士山一直走到了东京。因为身无分文，又找不到工作，所以有很长的一段时间，他每天都是处于一种半饥饿状态，但是饥饿并没有将他的才智以及激情吞噬，反而更激励他奋发向前。

某一天，浅野突然灵机一动，在路的旁边摆起了一个卖糖水的摊子，虽然他的生财工具大部分都是捡来的，但是他每天清晨都会满怀信心地开始为自己的糖水叫卖："来！来！来！清凉的甜水，每杯一分钱！"周围的人们或许是受到浅野的那份活力的感染，渐渐地，很多人慢慢开始习惯了在路过时向他买杯糖水喝。就这样，简单的卖糖水生意，总算让浅野不必再忍受饥饿之苦了，基本上也能满足自己的温饱。

当浅野成为了一名大企业家之后，有时回忆起年轻时的那段日子他会说："那段困厄的日子使我发现，任何事物其实都是可以善加利用的，而人生中所遇到的那些危机，其实都是一个转变自己地位与身份的绝佳机会。也就是说，当一个人正处于困厄中时，想法就会有所改变，甚至变化还会很大。而当一个新的转机出现时，他就会立刻充满无比的勇气，当然也会更加懂得思考，更加能够勇往直前。因此我们对人生的困厄根本就不必恐惧，反而应当好好感谢这些困境才对。"

英国小说家乔纳森·斯威夫特说过："为我计时的是胃，而不是钟。"看来，饥饿才是丈量时间的标尺。人往往在生存的边缘，才会激发出超越自身的能量，才会在极其艰苦的情况下打通一条生命通道。

你是不是认为癌症、心脏病、艾滋病是世界上最可怕的疾病呢？你错了！现代医学证明，最可怕的疾病是顽固性厌食症。中国名医金元四大家之一的刘纯说："胃气者，知饥也。"简单理解就是说，一个人只有有了饥饿感，吃的饭才能被消化吸收；否则，吃饭就是酒肉穿肠过。保持旺盛的饥饿感是求生的先决条件。一个人没有了饥饿感，就意味着没有了生存的动力，这才是最可怕的。

"保持饥饿"是一种进取意识。饥饿感会让你告诉自己，你已经没有任何骄傲自大的理由。只有不断地将满足变为不满足，放下包袱，轻装上阵，才能迅速地呼吸到新鲜空气，才能补充到新鲜的血液和营养。饥饿感能让你明白人生、明确方向、明析事理、点亮前程。

第八章
成功，只能靠努力加努力

　　工作的八个小时，决定了你养活自己的能力；而工作之外的八个小时，才真正决定了你的人生高度。不会利用八小时之外的时间的人，终将一生碌碌无为。所以，如果你想有一个美好的前程，八小时之外就必须多一点学习、多一点钻研、多一点思考。

准备，赢得未来成功的关键

古语云："凡事预则立，不预则废。"准备是成功的条件、过程，成功是准备的目标、结果。可以这样说，准备是"十月怀胎"，而成功只是"一朝分娩"。

有一位著名的老教授准备在学生中招一名助手，学生们都非常想得到这个荣幸，纷纷踊跃报名。都是很优秀的学生，可名额却只有一个，教授也不知如何取舍。于是，他给学生出了一道非常简单的题：如果我下次再来时，谁将自己的课桌收拾得整洁，谁就会得到这个职位。

老教授离开后，每到星期三早上，所有学生一定会将自己的桌面收拾干净。因为星期三是老教授例行前来拜访的日子，只是不确定他会在哪个星期三来到。

其中有一个学生的想法和其他同学不一样。他一心想得到老教授的垂青，生怕教授会临时在星期三以外的日子突然来到。于是，他每天早上都将自己的桌椅收拾整齐。但是往往上午收拾妥当的桌面，到下午便又凌乱起来。他又担心教授会在下午来到，于是又在下午收拾一次。尽管这样，他想想还是觉得不妥，如果教授在一小时以后出现，仍会看到他凌乱的桌面，便又决心每小时收拾一次。到最后，他想到若教授随时会到来，仍有可能看到他的桌面不整洁。终于，这个学生想清楚了，他必须时刻保持自己桌面的整洁，随时欢迎教授的光临。

果然，一个月后的某一天，老教授不期而至，这个学生如愿以偿地获得了那个职位。

拿破仑·希尔曾经说过："自觉自愿是种极为难得的美德，它驱使一个人在没有人吩咐应该去做什么事之前，就能主动地去做应该做的事。"伟大的成就和业绩，永远属于那些提前做好准备的人，而不是那些一味等待机会的人。

准备是一切工作的前提。只有做好了充分的准备，你才能够游刃有余地完成工作；相反，如果你凡事都等到事到临头才去做，那肯定会留下许多漏洞和隐患，失败也就不可避免了。

一个年轻的猎人带着充足的弹药、擦得锃亮的猎枪去寻找猎物。虽然老猎手们都劝他在出门之前把弹药装在枪筒里，但他还是带着空枪走了。

"废话！"他嚷道，"我到达那里需要一个钟头，哪怕我要装100回子弹，也有的是时间。"

仿佛命运女神在嘲笑他的想法似的，他还没有走过开垦地，就发现一大群野鸭密密地浮在水面上。以往在这种情景下，猎人们一枪就能打中六七只，毫无疑问，够他们吃上一个礼拜的。可如今他匆匆忙忙地装着子弹，此时野鸭发出一声鸣叫，一齐飞了起来，很快就飞得无影无踪了。

他徒然穿过曲折狭窄的小径，在树林里奔跑搜索，树林是个荒凉的地方，他连一只麻雀也没有见到。

真糟糕，一桩不幸连着另一桩不幸：霹雳一声，大雨倾盆。猎人浑身上下都是雨水，袋子里空空如也，猎人拖着疲乏的脚步回家去了。

在看到猎物的时候才去装弹药，连作为一名猎手最起码的准备工作都没有做好，当然不可能有什么收获了。

人们常说："机遇只垂青有准备的头脑。"一个人想要取得某种成功，必须具备一定的条件，也就是说，只有做好了准备，才能在机遇经过的时候牢牢抓住。

很多人总是抱着这样的想法："等着吧，等到我时来运转，机会来到时，我一定会咸鱼翻身，干出一番惊人的事业。"然而，机会是不会主动敲你的门的。如果你不做好准备，就算有100个机会列队在你家门前都帮不了你。

与大多数同龄人相比，道尼斯已经算是一位职场成功人士了。当他的很多同学以及同龄人还在为保住饭碗而苦苦挣扎时，他已经顺利地完成了由低级白领到高级白领到金领的过渡。如今，事业、金钱、爱情，他一样也不缺。

当别人向他请教其中奥秘时，道尼斯的回答是：每天早到半小时，每天晚走半小时。

道尼斯回忆说，初涉职场时，他也和许多人一样，总感觉手头上的事情永远做不完，结果一天到晚忙忙碌碌，累个半死，业绩还差强人意。

有一天，老道尼斯轻轻地对他说："你能不能试一试，每天早到公司半小时，每天比别人晚走半小时？"乍听父亲的话，道尼斯并未完全理解，但他决定试一试。

第二天，为了能提早半小时到达公司，他开始比平常时间早半小时起床。当他出门时，发现公交站等车的人很少。到了车上，又发现有许多空座位。而且，由于还没有到上班早高峰，所以路上一点儿都不堵，很快就到了公司。

坐在电脑桌前，他打开一段悠扬的音乐，然后开始为一天的工作做准备。

当同事们9点钟匆匆忙忙地赶来时，道尼斯的面前已经放好了需要整理的材料，并泡好了一杯热茶。接下来，他的工作是有条不紊的。不到11点钟，他就结束了上午全部的工作，而且完成得比较出色。

午休结束之后，下午的工作又开始了。由于早上在车上他已有计划，头绪很清楚，所以下午的工作又很顺手。

下班铃声响之后，道尼斯发现，所有人都回家了，只有老板杜兰特先生继续留在办公室里继续工作。于是，他也决定留下来。

工作时，杜兰特先生经常找文件、打印材料，最初这些工作都是他自己亲自来做。但是从那晚开始，道尼斯决定帮帮他。渐渐地，杜兰特先生养成了招呼道尼斯的习惯。

结果，只是每天早到半小时和每天晚走半小时，道尼斯就赢得了比别人更快的提拔、更多的薪酬回报和更好的前程。

道尼斯说，他很感谢自己的父亲，正是父亲让他每天早到半小时和每天晚走半小时，使得自己真正地掌握住了时间和命运的主动权，从而换来了一辈子的从容与淡定。

愚者错失机会，智者善抓机会，成功者创造机会。机会只给准备好的人，这准备二字，并非说说而已。俗话说"笨鸟先飞早入林""早起的鸟儿有虫吃"，即使我们不是"笨鸟"，也要"先飞"，也要"早起"，这样才能得到机遇的垂青。

周星驰在《大话西游》中说："曾经有一分真挚的爱情放在我面前，我没有珍惜，等我失去的时候，我才后悔莫及，人世间最痛苦的事莫过于此。"如果说世间真的有比这更痛苦的事，那就是——"机会曾经如雨点般向我砸来，但都被我一一躲过。"

这一秒不放弃，下一秒就有希望

美国著名喜剧演员、导演伍迪·艾伦说："成大事者与未成事者之间的差距，并非如大多数人想象的是一道巨大的鸿沟。成大事者与不成大事者的区别在于一些小小的行动上：每天花5分钟阅读、多打一个电话、多努力一点、表演上多费一点心思、多做一些研究，或在实验室中多实验一次。"

成功的法则其实很简单，而成功者之所以罕见，并不是因为他们拥有常人没有的秘诀，而是比别人多了一份执着，比别人多走了一步。

1892年夏天，一场突如其来的暴风雨袭击了美国密苏里平原，洪水淹没了公路、庄稼和农舍，许多人无家可归。

一个身穿打满补丁的衣服的小男孩站在农舍外围的高坡上，眼睁睁地看着洪水淹没了自己家的农田。洪水几乎卷走了家里的一切，无计可施的父亲到当地一个叫玛丽维尔的银行家那里去请求延期偿还贷款，狠心的银行家却以没收他的全部财产相要挟拒绝了他的请求。无奈之下，他们只好收拾好家里仅有的财物，赶着马车离开这里。

在经过一座桥时，父亲停了下来，扶着栏杆俯身呆望着桥下滚滚的河水。

"爸爸，您还要等谁呢？"小男孩疑惑地望着父亲。

父亲回头看着儿子，眼泪簌簌地流了下来。小男孩紧紧地抱住父亲的大腿，似乎要给父亲鼓励和力量。父亲终于重新上路。

多年后的一天，一位演讲家来到这里演讲，演讲家雄辩的口才、缜密的思维深深地影响了男孩。"一个农村男孩，无视贫穷，甚至不顾眼前的一切而努力奋斗，他一定会成功的！"演讲家说完便问听众，"谁将是那个男孩呢？"

接着，他又说道："各位先生、女士们，你们看看他。"说完，他随便用手指了一个方向，虽然他只是随便一指，但那男孩分明觉得他正指着自己。从那一刻起，他发誓要当一名演说家。

然而，破烂的衣服、瘦小的身躯、跟身躯不对称的大耳朵总是让他成为别人嘲笑的对象。

一次，班上一名叫山姆·怀特的学生与他发生了争吵，男孩说了几句很刻薄的话，怀特被激怒了，便恐吓道："总有一天，我要剪断你那双讨厌的大耳朵。"他吓坏了，几个晚上都不敢睡觉，害怕在自己进入梦乡以后被怀特剪掉了耳朵。

还有一次，他穿着破烂的夹克刚走到台上，准备演讲，就有人喊了一声"我爱你，瑞德·杰克！"紧接着，大家笑成了一团，原来在英语里瑞德·杰克与破夹克是谐音词。回家后他对母亲说："同学们老是笑话我穿的破衣服，我不能集中精力听课。"妈妈说道："你为什么不想办法让他们因佩服你而尊敬你呢？不必伤心，今年秋季，我一定给你买套新衣服。"

他没有演说的天赋，参加了12次比赛，屡战屡败。又一次的比赛结束后，他拖着疲惫的身子往家走，路过一座桥时，他停了下来，久久地望着下面的河水。

"孩子，为什么不再试一次呢？"

不知什么时候，父亲已经悄悄地站在他背后，微笑地看着他，眼神里充满了信任。像12年前的那个午后一样，站在小桥上的父子俩又一次紧紧地拥抱在一起。

接下来的两年里，人们几乎每天都可以看到一个身材颀长、清瘦、衣衫破旧的年轻人，一边在河畔踱步，一边背诵着林肯及戴维斯的名言。他是那么全神贯注，以至达到了忘我的地步。

1906年，这个年轻人以《童年的记忆》为题发表演说，获得了勒伯第青年演说家奖，那一天，他第一次尝到了成功的喜悦。

他回忆说："我虽然经历了12次失败，但最后终于赢得了辩论比赛。更为激励我的是，我训练出来的男学生赢了公众演说赛。女学生也获得了朗读比赛的冠军。从那一天起，我就知道我该走怎样的路了……"

30年后，他成为美国历史上最著名的心理学家和人际关系学家，他的《成功之路》系列丛书创下了世界图书销售之最。他就是被誉为"20世纪最伟大的人生导师和成人教育大师"的戴尔·卡耐基。

你只需要比别人多做一点点，就可以从众人中脱颖而出。这是著名投资专家约翰·坦普尔顿通过大量的观察研究，得出的一条很重要的原理——"多一盎司定律"。盎司是英美重量单位，一盎司相当于1/16磅，在这里以一盎司表示一点微不足道的重量。

约翰·坦普尔顿说："那些取得突出成就的人与取得中等成就的人几乎做了同样多的工作。他们之所以能够成功，其实做出的努力差别很小，仅仅只是多一盎司而已。"多一盎司会使你最大程度地展现自己的工作态度，最大程度地发挥你的天赋，让自身不断升值。

日本的名人市村清池，在青年时代担任富国人寿熊本分公司的推销员，每天到处奔波拜访，可是连一张合约都没签成，因为保险在当时是很不受欢迎的一种行业。

在做保险的68天中，他没有领到薪水，只有少量的车马费，就算他想节约一点过日子，仍连最基本的生活费都没有。到了最后，已经心灰意冷的市村清池就同太太商量准备连夜赶回东京，不再继续拉保险了。此时他的妻子却含泪对他说："一个星期，只要再努力一个星期看看，如果真不行的话……"

第二天，他又重新鼓起勇气到某位校长家拜访，这次终于成功了。后来他曾描述当时的情形说："我在按铃的时候之所以提不起勇气的原因是，已经来过七八次了，对方觉得很不耐烦，这次再打扰人家一定没有好脸色看。哪知道对方这个时候已准备投保了，可以说只差一张契约还没签而已。假如在那一刻我就这样过门不入，我想那张契约也就签不到了。"

在签了那张契约之后，又有不少契约接踵而来，而且投保的人也和以前完全不相同，都是主动表示愿意投保。许多人的自愿投保给他带来无比的勇气。在一个月内他的业绩就一跃而成为富国人寿的佼佼者。

多走一步，多坚持一秒，体现的是一种勤奋、主动的精神，一种坚忍不拔、永不放弃的意志。生活中，只有那些懂得比别人多走一步的人才能获得成功，也只有那些懂得比别人多坚持一秒的人才在不断进步。

如果你只盯着理想和现实之间的差距，成功会变得遥不可及；而坚持每次多走一步，差距就会在你不知不觉中慢慢变小。

记住，再坚持一下，这一秒不放弃，下一秒就有希望。

如果此路不通，那就换一条路试试

一位先哲曾经说过："当一扇门向你关闭之际，另一扇窗将向你打开。"天无绝人之路，当我们在人生的道路上遭遇到进退两难的情况时，千万不要一头扎进死胡同，而应该改变一下自己，换一条路，让生命之舟朝另一个更光明的方向前进。

马嘉鱼生活在深海中，渔人捕捉它的方法很简单：用一种孔眼粗疏的丝网，下端系上铁块，放入水中，由两只小艇拖着，拦截鱼群。丝网三面都敞开，孔眼又那么大……然而渔民能将马嘉鱼一船一船地拖回港口。这是为什么呢？原来马嘉鱼的脾气特别大，当遇到阻拦的时候不会转弯，越受阻越往前冲，一条条"前赴后继"地陷入网孔。网孔越紧缩，马嘉鱼就越愤怒，也就越是拼命地往前，结果一条条"顽强"的马嘉鱼被网孔牢牢地卡死，最终为渔人所获。

马嘉鱼成为渔人的美餐，源于它遇到障碍不会转弯，不会俯就，不会低头。

鱼类如此，那么人类呢？

从小，家庭和学校一直教育我们要"一旦确定目标就要不怕困难，一定要勇往直前"。每当前面有高山大河阻隔，行不通时，有些人就开山架桥，最后蛮力耗尽，也逃不出"出师未捷身先死"的结局。

达尔文说："适者生存。"爱因斯坦也说："人的最高本领是适应客观条件的能力。"他们所说的"适"，就是适应、顺应，用通俗的话说，就是会"拐弯"。失之东隅，收之桑榆。成功的路径不止一个，不要循规蹈矩，更不要放弃成功的信心，此路不通，就该换条路试试。

孙膑是战国时著名的军事家，至魏国求职，魏惠王心胸狭窄，妒其才华，故意刁难，对孙膑说："听说你挺有才能，如果你能使我从座位上走下来，就任用你为将军。"魏惠王心想：我就是不起来，你又奈我何？

庞涓出谋说："可在大王座位下生起火来。"

魏惠王说："不行！"

孙膑说："大王坐在上面嘛，我是没有办法让大王下来的。不过，大王如果是在下面，我却有办法让大王坐上去。"

魏惠王说："那好。"然后就从座位上走了下来，得意洋洋地说："我倒要看看你有什么办法让我坐上去。"

周围的大臣们一时都没有反应过来，一起哄笑孙膑无能。

忽然，孙膑却哈哈大笑起来，他说："我虽然无法让大王坐上去，却已经让大王从座位上下来了。"

这时，大家才恍然大悟，对孙膑的才华连连称赞。魏惠王也开始对孙膑刮目相看，很快就任用他为将军。

英国文学家哈代说："从这一个方向看，这是一个可怕的陷阱，但从另一个方向看，你将会迎来光明。"人们在处理问题时，往往会陷入习惯性的思维漩涡里而不能自拔，如果能像孙膑那样，学会变通，学会转弯，就能一下子从山穷水尽走向柳暗花明。

"此路不通"就换条路，这个方法不行就换个方法，千万不要在一棵树上吊死。一个成功的人，必然是一个善于思考的人，当他发现前面的道路走不通时，就应及时转换思路，改变方法，以退为进，寻找一条更加通畅的路。

克里斯朵夫·利瓦伊曾是一位杰出的演员，深受观众的喜爱。然而一场意外，不幸让他成为了一个高位截瘫者。克里斯朵夫·利瓦伊再也无法继续他的演员梦了，这让他备受煎熬。

他以为自己的一生将就此枯萎，因为他只能坐在轮椅上，再也无法行走了。一想到自己再也没有机会回到电影行业，他的内心就会袭来一股巨大的悲伤。

一次，克里斯朵夫·利瓦伊和家人一起外出散心，汽车在蜿蜒的盘山公路上穿行。克里斯朵夫·利瓦伊目光呆滞地望着窗外，他忽然发现，每当车子即将行驶到无路的关头时，路边都会出现一块"前方转弯"的交通指示牌。而转弯之后，前方的路依然开阔。

当"前方转弯"几个大字一次次进入他的眼球的时候，猛然间，他恍然大悟：原来，不是路已到尽头，而是该转弯了。

从此，克里斯朵夫·利瓦伊以轮椅代步，当起了导演。他再一次回到了深爱的影视行业，努力和付出让他首次执导的影片就荣获了金球奖。不仅如此，他还用牙咬着笔，创作出了他的书稿。

克里斯朵夫·利瓦伊回顾他的心路历程时说：原来，不幸降临时，并不是路已到尽头，而是在提醒你该转弯了。

"转弯"是人生的大智慧，一往无前的勇气固然可嘉，但当前面出现悬崖时，"一往无前"就变成"自寻死路"了。"山不转路转，路不转人转，人不转心转。"学会机智地"转弯"，脚下总能走出一条洒满阳光的道路来。

发现自己的优势，经营自己的长处

什么是才干？即一个人天生就能做一件事，比其他一万个人都做得好。心理学家发现，每个人都拥有属于自己的优势，而这些优势可以改变一个人，甚至改变人的一生。

一位成功学家说："判断一个人是否成功，最主要是看他能否最大限度地发挥自身优势。通过研究发现人类有400多种优势，这些优势本身的数量并不重要，重要的是应该知道自己的优势是什么，之后要做的则是将你的生活、工作和事业发展都建立在你的优势上，这样你就会成功。"所以，一个人想要获取成功，首要的任务是认识自己，找到自身的优势所在，然后利用自己的优势去攻击敌人的劣势，让对方没有还手之力，从而取得胜利。

以前，有一个学习不错的女孩，由于没考上大学，被安排在本村的小学教书。由于她讲不清数学题，不到一周就被学生们轰下了讲台。母亲为她擦眼泪，安慰她说：满肚子的东西，有人倒得出来，有人倒不出来，没有必要为这个伤心，也许有更适合你的事等着你去做。

后来，女儿外出打工，先后做过纺织工、市场管理员、出纳，但都半途而废。然而，当女儿每次沮丧地回来，母亲总安慰她，从没责怪过她一句。30岁时，女儿凭一点语言天赋，做了聋哑学校的辅导员。后来，她又开办了一家残障学校。再后来，她在许多城市开办了残障人用品连锁店，这时的她，已是一位拥有几千万元资产的老板了。

一天，女儿问母亲，前些年她连连失败，自己都觉得前途渺茫的时候，是什么原因让母亲对自己有信心？

母亲的回答朴素而简单，她说：一块地，不适合种麦子，可以试试种豆子；如果豆子也长不好的话，可以种瓜果；如果瓜果也不济的话，撒上一些荞麦种子一定能够开花。因为一块地，总会有一种种子适合它，也终会有属于它的一片收成。

从这里我们可以看出，一个人事业成功与否，并不完全取决于学历的高低，在很大程度上取决于自己能不能扬长避短，善于经营自己的长处。

"尺有所短，寸有所长"，每个人都有自己的长处。如果你能经营自己的长处，就会给生命增值；反之，如果你经营自己的短处，那就会使你的人生贬值。

有一个青年，理想非常远大，来到巴黎准备先找一份工作，然后创出一番自己的事业。

青年父亲的朋友也在巴黎，所以青年先找到了他。"数学精通吗？"父亲的朋友问他。青年摇摇头。"那么历史和地理怎么样？"青年还是摇摇头。"法律总该懂一些吧？"青年低下了头不说话了，他忽然发现自己一点儿优点和长处都找不出来，如何做出伟大的成就。"那你先把住址写下来吧，如果有合适你的工作我就去通知你。"青年垂头丧气地写下了自己的住址，转身要走。然而这时，父亲的朋友一下把他拉住了，微笑着对他说："你的名字写的很漂亮嘛，这就是你的优点啊，你不该只满足找一份糊口的工作。"这个青年一下子又找回了激情与希望，重新振作起来。

几年以后，这个青年果然在文学方面创造了巨大的辉煌，写出了享誉世界的经典作品。他就是家喻户晓的18世纪法国著名作家大仲马。

富兰克林说："宝贝放错了地方就是废物。"我们每个人都有一个最适合自己的位置，只有找准了才能实现自己的价值。因此，我们需要做的并不是不断地弥补自己的短处，而是去悉心经营自己的长处。

春秋时期，齐桓公打算通过增加税收来充实国库，强军立国，称霸诸侯。

为此，齐桓公打算对房屋进行征税，遭到相国管仲的否决："这就等于是叫房屋涨价，让大家都住不起。"

齐桓公打算对山上的林木征税，也遭到管仲的否决："这就等于是在鼓励大家赶紧砍树，造就荒山秃岭。

齐桓公打算对牲畜征税，仍然遭到管仲否决："这就等于滥杀牲畜，不让它正常的繁殖。"

齐桓公打算征收人头税，依然遭到管仲否决："这就等于让人们故意隐瞒人口的真实数字。"

一句话，齐桓公的征税办法遭到了管仲的坚决否决。

收这个税也不行，收那个税也不行，最后，齐桓公急了，不征税，怎能充实国库强军立国，称霸诸侯？

管仲听了，不慌不忙，说了这样一句话："那是大王没有发现我们齐国的优势是什么？唯官山海为可耳。"

原来，齐国在今天的山东靠海一带，土质碱性，不适农耕，如果和其他诸侯国一样去拼农业，则处于劣势，毫无竞争力，但因为靠海，先天的渔、盐资源非常丰富，这种优势则又是别的诸侯国所不具备的。盐，作为生活的必需品，谁都少不了。管仲主张利用这一自然资源优势，由国家控制食盐专卖，通过商业活动从中征税，而不用直接向老百姓征税，自然也不会加重百姓负担。

齐桓公接受了管仲的主张，实行食盐专卖，控制了食盐流通的各个环节，大大降低税率，成为税率最低的国家，吸引了各国大批商人跑来齐国投资盐业，同时提高盐价，让各国商人把齐国的食盐运往各国，就这样，各国的黄金也就潮水般涌入齐国，齐桓公大赚特赚了各诸侯国们的巨额财富，却没有向本国国民民要一分钱，一举成为春秋五霸之首。

每个人、每家企业都有自己的优势和长处，只不过有时候我们没有发现它罢了。这个优势是一个蕴藏着巨大财富的金矿，只要你肯挖掘，肯付出努力，就一定能获得你想要的东西。

有一位小伙子，他是命运的宠儿，自小养尊处优，一帆风顺，大学毕业那年，他父亲因肝癌病逝，他便子承父业，接管了父亲留给他的全城最大的珠宝商场，当时在商界也算个不小的新闻。很多人羡慕不已，前来祝贺，试图拉拢关系。也有少数的人暗地耻笑，预言这份产业早晚会被他尽数败光。

小伙子知晓后，气愤不已，发誓要竭尽全力将父亲的珠宝商场做得更大，更风光，但最终还是事与愿违，由于小伙子根本不具备其父亲对珠宝行业的明察秋毫、珠宝的鉴别能力以及经营理念，庞大的珠宝生意毁于一旦。

可是，他认为生意的失败跟自己的经商才干没有半点关系，而是由于珠宝行业高投资、高风险且技术太强。他思来想去，认为服装行业周期短、见效快，而且不需要太大的专业学问，肯定能成功。于是，决定改行，经营服装生意。他变卖了一些家产，开了一家服装店。

两年时间转瞬即逝，他的服装店没有像自己料想的那样蒸蒸日上，而是到了频临关闭的局面。资金周转不灵，无法引进新款式的服装，现有的服装也因价格高于同行而遭到冷落。

他失败了，他意识到自己不适于变化太快的服装市场，因为当他以为一种新款式刚开始流行时，自己马上组织资金进货，可事实上，在同行那里这种款式已经开始淘汰了，他总是踩着"流行"遗留下的脚印前行。

他以低价变卖了服装店，用剩余不多的资金，租兑了一家饭店，他想：雇几个人做饭菜，客人吃饭拿钱，又不用多大的流动资金，如此简单的生意，总不会再赔了。可是，他的如意算盘又没有打响，他眼睁睁地看着相邻的饭店里客满为患，而自己却门可罗雀，最后，连自己饭店的服务人员也纷纷跳槽到了别家，只剩下他孤零零一个人和一间空荡荡的饭店。

后来，他又尝试着经营过化妆品生意、钟表生意、印染生意，都无一例外地以失败告终。

一次次失败的打击使他绝望了，他带着失落与不甘，盘算了自己的家底，所有的钱仅够买一块离城很远的墓地。既然自己没有能力创造财富，就买块墓地给自己留着，等到哪一天一命归西，也算有个归宿。

可是，意想不到的事情发生了，就在他拿到这块墓地产权证书的第十天，这座城市公布了一项城市规划的法规，决定建设一条环城高速公路，而他购买的墓地恰好在规划的范围内，紧靠一个十字路口，一夜之间，道路两旁的土地身价倍增。

他豁然顿悟，自己为何不做房地产生意呢？说做就做，他卖了这块墓地，又购买了一些他认为有升值潜力的土地，没有想到，原来他在房地产方面很有天赋，无论是勘察市场，还是分析行情，他都具有独到的见解和敏锐的洞察力，他的事业自然是芝麻开花节节高。

如此仅仅过了五年，他成了全城最大的房地产业主。当他回忆起自己的坎坷经历时，他微笑着说："过去涉足过五花八门的行业，可是都以失败草草收场，这使我恍然明白，原来我对自己的实际能力不甚了解，所以，以往的一系列失败都是理所当然的，而我在房地产方面的成就，使我清楚的认识了自己，也找回了曾经一度失去的自信心。"

一个人要想在社会上站住脚，靠的是什么？靠的是我们的专长，我们的优势，而不是我们的劣势。古人云："天生我材必有用。"我们每个人都有自己独特的地方，即使是那些看起来很平常的人，也会在某些方面拥有别人不具备的"闪光点"。所以，要想成功，先要找到自己的优势，然后苦心经营它，这样才会使你的才能施展得更为淋漓尽致。

成功，在八小时之外

有个著名的"三八理论"，即每人每天的时间应该分为"三个八"：八小时工作、八小时睡觉、八小时自由安排时间。前面两个"八"，大多数人是一样的，并无多大变化；人与人之间的不同，就在于剩下的八小时怎么度过。

中国有句俗话："人有二亩田，白天是果腹的，晚上是耕种未来的。"松下幸之助也曾经说过："想知道一个人会有什么成就，可以看他在晚上的时间在做什么。如果能够善用七点到十点钟的人，他的成就将比一般人高出两倍。"工作的八小时，决定了你的专业知识，你赚钱吃饭的能力；而工作之外的八小时，才真正决定了你究竟会成为一个什么样的人。

两个和尚分别住在两座相邻山上的庙里，这两座山之间有一条河，两个和尚每天都会在同一时间去河边挑水，久而久之便成了朋友。

不知不觉五年过去了，有一天左边这座山的和尚没有下山挑水，右边那座山的和尚心想："他大概睡过头了。"因此也没有太过在意。只是第二天，左边这座山的和尚，还是没有下山挑水。

一个星期过去了，右边那座山的和尚心想："我的朋友可能生病了，我应该要去探望他，看看能帮上什么忙。"他来到寺庙，看到老友时大吃一惊，因为他的老友正在庙前打太极拳，一点也不像一个星期没喝水的样子。

他好奇地问："你已经一个星期没下山挑水了，难道你可以不用喝水吗？"左边这座山的和尚带他走到庙的后院，指着一口井说："这五年来，我每天练完太极拳后都会抽空挖井，即使再忙，我也会多少挖一点。如今我终于挖到了井水，所以以后就不必再辛苦地下山挑水，我也有更多的时间可以练太极拳了。"

时间是最有情，也最无情的东西，每个人都拥有同样的24小时。但为什么有的人成功，有的人失败呢？那是因为成功者善于整合、利用时间，而失败者只会浪费时间。

白天图生存，晚上求发展。利用自己下班的时间，耐心地挖一口井，等将来自己年纪大了，挑不动水的时候，还能有水喝，这就是成功人士的成功秘诀。

胡适先生曾说："人与人的区别在于八小时之外如何运用。"八小时之外的时间，有人选择了上网、看电影、打麻将、泡吧，于是，他们的生活在很长的时间内一成不变，毫无新意；有的人选择了看书学习，于是，他们逐渐变得博学多才，为将来的成功打下了基础；有的人选择了创业，于是，他们逐渐累积了资金、资源和经验，几年后，别的同事还在老老实实地上班，领着那份微薄的薪水，而他们却已经脱胎换骨，有了一番自己的事业。

1801年，意大利中部的小山村，有两位名叫柏波罗和布鲁诺的年轻人，他们是堂兄弟，也是最好的朋友，他们都很聪明而且很勤奋，雄心勃勃，是大梦想者。

他们不停地商谈着，渴望有一天能通过某种方式，让他们可以成为村里最富有的人。

一天，机会来了，村里决定雇两个人把附近河里的水运到村广场的水缸里去。这份工作交给了柏波罗和布鲁诺。两个人都抓起两只水桶奔向河边。一天结束后，他们把镇上的水缸都装满了。村里的长辈按每桶一分钱的价钱付钱给他们作劳酬。

　　"我们的梦想实现了！"布鲁诺大声地叫着，"我们简直无法相信我们的好福气。"

　　但柏波罗不是很兴奋。他的背又酸又痛，提那重重的大桶的手也起了泡。他害怕明天早上起来又要去工作。他发誓要想出更好的办法，将河里的水运到村子里去。

　　"布鲁诺，我有一个计划。"第二天早上，当他们抓起水桶往河边奔时，柏波罗说，"一天才几分钱的报酬，而要这样来回提水，干脆我们修一条管道将水从河里引到村里去吧。"

　　布鲁诺愣住了。

　　"一条管道？谁听说过这样的事？"布鲁诺大声嚷嚷着，"柏波罗，我们有一份不错的工作。我一天可以提一百桶水。一分钱一桶，一天就是一元钱！我是富人了！一个星期后，我就可以买双新鞋。一个月后，我就可以买一头母牛。六个月后，我可以盖一间新房子。我们有全镇最好的工作。我们一周只需工作五天，每年两周的有薪假期。我们这辈子可以享受生活了！放弃你的管道吧！"

　　但柏波罗不是容易气馁的人。他耐心地向他最好的朋友解释这个计划。柏波罗将一部分白天的时间用来提桶运水，用另一部分时间以及周末来建造管道。他知道，在岩石般硬的土壤中挖一条管道是多么的艰难。因为他的薪酬是根据运水的桶数来支付的，他知道他的薪酬在开始的时候会降低。而且他也知道，要等一至两年，他的管道才会产生可观的效益。但柏波罗相信他的梦想终会实现。

　　布鲁诺和其他村民开始嘲笑柏波罗，称他为"管道人柏波罗"。布鲁诺赚到比柏波罗多一倍的钱，炫耀他新买的东西。他买了一头驴，配上全新的皮鞍，拴在他新盖的二层楼旁。他还买了亮闪闪的新衣服，在乡村饭店里吃可口的食物。村民们称他为布鲁诺先生。他常坐在酒吧里，为人们买上几杯，而人们为他所讲的笑话开怀大笑。

当布鲁诺晚间和周未睡在吊床上悠然自得时，柏波罗还在继续挖他的管道。头几个月，柏波罗的努力并没有多大进展。他工作很辛苦——比布鲁诺的工作更辛苦，因为柏波罗晚上和周未都在工作。

"短期的痛苦换来的一定是长期的回报。"每天完成工作后，筋疲力尽的柏波罗跌跌撞撞地回到他简陋的小屋时，他这样提醒自己。他通过设定和达到每天的目标来衡量工作的成效。他知道，终有一天，回报将大大超出付出。

一天天，一月月过去了。有一天，柏波罗意识到他的管道完成了一半，这意味着他只需提桶走一半路程了！柏波罗把额外的时间用来建造管道。完工的日期终于越来越近了。

在他休息的时候，柏波罗看到他的朋友布鲁诺在费力地运水。布鲁诺比以前更加的驼背。由于长期劳累，步伐也变慢了。布鲁诺很生气，闷闷不乐，开始为他自己一辈子运水而深感愤恨。

他开始花很多的时间在酒吧里。当布鲁诺进来时，酒吧的顾客都窃窃私语："提桶人布鲁诺来了。"当镇上的醉汉模仿布鲁诺驼背的姿势和拖着脚走路的样子时，他们哈哈大笑。布鲁诺不再买酒给别人喝了，也不再讲笑话了。他宁愿独自坐在漆黑的角落里，被一大堆空瓶所包围。

柏波罗的大喜日子终于来到了——管道完工了！村民们簇拥着来看水从管道中流入水槽里！现在村子源源不断地有新鲜水供应了。附近其他村子都搬到这条村来，村子顿时繁荣起来。

管道一完工，柏波罗不用再提水桶了。无论他是否工作，水都在源源不断的流入。他吃饭时，水在流入。他睡觉时，水在流入。当他周未去玩时，水在流入。流入村子的水越多，流入柏波罗口袋里的钱也越多。

管道人柏波罗的名气大了，人们称他为奇迹创造者。政客们称赞他有远见，恳请他竞选市长。

曾被美国《时代周刊》评为全球"数字英雄"的搜狐总裁张朝阳说："我就是个平凡人，我没发现自己与别人有什么大的不同。如果说有不同，那就是我每天平均除了7个小时睡觉外，其余时间都在思考或工作。"工作的八个小时，决定了你养活自己的能力；而工作之外的八个小时，才真正决定了你的人生高度。不会利用八小时之外的时间的人，终将一生碌碌无为。所以，如果你想有一个美好的前程，八小时之外就必须多一点学习、多一点钻研、多一点思考。

推销自己要有"毛遂自荐"的勇气

　　世界成功学大师拿破仑·希尔说："如果你想成为一个不平凡的人，就要学会怎样推销自己。"其实，在现实生活中，每个人都在推销自己。不管你从事的是什么职业，每当你向客户、上级、下属表达自己的观点时，你其实就在推销自己。

　　推销自己是一门艺术，懂得推销自己的人，往往能够更快地找到属于自己的一片天空，找到自己能够施展手脚的舞台；而那些不懂得推销自己的人，则有可能一辈子活在别人的影子下，找不到人生的方向，白白地浪费掉自己的生命。

　　有一天，世界闻名的爱迪生实验室来了一个年轻人，他风尘仆仆，穿着朴素，拖着一个大行李箱。秘书问及他的来意，他说："我将成为爱迪生先生的合伙人！"

　　这一大胆冒失的举动为他赢得了机遇，一小时后，他成为了实验室的一名员工，为爱迪生实验室擦地板。这个年轻人就是埃德温·巴恩斯。5年后，他成为了伟大的爱迪生的合伙人，并作为口述记录机的经销商而闻名于世。

　　后来，埃德温·巴恩斯成了一名百万富翁，这一切都要归功于他和爱迪生那短短一小时的会谈。在这一个小时里，他充分地对自己进行了自我推销，最终得以成为爱迪生这位20世纪最伟大的发明家的合伙人。

古语有云："世有伯乐，然后有千里马。"意思是说，如果没有伯乐发现你、赏识你，纵然你是一匹千里马，也很难有作为。然而，倘若你一味等着伯乐来找你，那你就大错特错了，因为"千里马常有，而伯乐不常有"。所以，你要学会推销自己，在合适的情况下主动站出来，这样才能得到更多的机会。

春秋时代，秦军大举进攻赵国，将赵国都城邯郸团团围住，情况十分危急，赵王只好派平原君出使楚国，请求救援。

平原君召集了所有的门客进行商议，决定从中挑选出20名能文善武、足智多谋者随同前往。挑来挑去最终只有19人合乎条件，还差一人却怎么挑也觉得不满意。

这时，只见毛遂主动站了出来说："我毛遂听说您要去楚国商议解围之事，随行要带20名文武双全的将士，现在缺一人，请允许我充个数吧！"

平原君问："先生来到赵胜门下几年了？"

毛遂说："三年了。"

平原君说："有本事的人，随便到哪里，都好象锥子放在布袋中，一定会露出尖锋来。可你来了三年，没人说起你的大名，可见没有什么才能啊。所以先生不能一道前往，请留下！"

毛遂说："我如果早被放在布袋里，早就会脱颖而出，何止露出一点尖锋呢！"

平原君见他说的有理，便勉强答应了。

到了楚国，平原君立即拜见楚王，跟他商讨出兵救赵的事情。可是这次商谈很不顺利，从早上一直谈到了中午，却没有一丝进展。

面对这种情况，毛遂意识到机会不可错过。于是他大步跨上台阶，远远地大声叫起来："出兵的事，非利即害，非害即利，简单而又明白，为何议而不决？"

楚王非常恼火，问平原君："此人是谁？"

平原君答道："此人名叫毛遂，乃是我的门客！"

楚王喝道："赶紧退下！我和你主人说话，你来干吗？"

毛遂见楚王发怒，不但不退下，反而又走上几个台阶。他手按宝剑，说："如今十步之内，大王性命在我手中！"

楚王见毛遂那么勇敢，没有再呵斥他，就听毛遂讲话。毛遂就把出兵援赵有利楚国的道理，作了精辟的分析。毛遂的一番话，说得楚王心悦诚服，答应马上出兵，赵国由此解围。

事后，平原君深感愧疚地说："毛遂原来真是了不起的人啊！他的三寸不烂之舌，真抵得过百万大军呀！可是以前我竟没发现他，若不是他挺身而出，我可要埋没一个人才呢！"

这就是"毛遂自荐"的故事，它告诉我们：不要总是等着别人去推荐，只要有才干，不妨自己主动站出来。

毛遂自荐，用现在的话说，就是瞄准机会，大胆出击，主动找上门去推销自己。毛遂自荐，需要的是非凡的勇气和胆识。那些害怕失败，不敢尝试的人，是不可能得到伯乐的赏识的。

姜子牙是历史上一位颇具传奇色彩的求职者，他常到番溪旁垂钓。一般人钓鱼，都是用弯钩，上面接着有香味的饵食，然后把它沉在水里，诱骗鱼儿上钩。但姜子牙的钓钩却是直的，上面不挂鱼饵，也不沉到水里，并且离水面三尺高。他一边高高举起钓竿，一边自言自语道："不想活的鱼儿呀，你们愿意的话，就自己上钩吧！"

一天，有个打柴的来到溪边，见姜子牙用不放鱼饵的直钩在水面上钓鱼，便对他说："老先生，像你这样钓鱼，再钓100年也钓不到一条鱼的！"

姜子牙举了举钓竿，说："对你说实话吧！我不是为了钓到鱼，而是为了钓到王与侯！"

　　姜子牙奇特的钓鱼方法，终于传到了姬昌那里。姬昌知道后，派一名士兵去叫他来。但姜子牙并不理睬这个士兵，只顾自己钓鱼，并自言自语道："钓啊，钓啊，鱼儿不上钩，虾儿来胡闹！"

　　姬昌听了士兵的禀报后，改派一名官员去请姜子牙来。可是姜子牙依然不答理，边钓边说："钓啊，钓啊，大鱼不上钩，小鱼别胡闹！"

　　姬昌这才意识到，这个钓者必是国之栋梁，要亲自去请他才对。于是他吃了三天素，洗了澡换了衣服，带着厚礼，前往番溪去聘请姜子牙。姜子牙见他诚心诚意来聘请自己，便答应为他效力。

　　后来，姜子牙辅佐文王，兴邦立国，还帮助文王的儿子武王姬发灭掉了商朝，被武王封于齐地，实现了自己建功立业的愿望。

　　直钩怎么能钓到鱼呢？姜子牙只是用这种奇特的方法引起别人的注意罢了。如今的时代，再也不是"酒香不怕巷子深"的时代，而是"酒香还要加吆喝"的时代。含蓄、保守的性格，在职场上是不利于发展的。每一个职位，都有若干个人削尖了脑袋往里钻，如果你不主动站出来，坐等机会降临，那你将连汤都没得喝。

　　这是一个需要每个人推销自己的时代。择业、交友、相亲……每一次都是一场自我推销。当你推销自己的时候，一定不要害羞、不好意思，否则你是永远也不能把自己给推销出去的。推销自己时，你应该对自己有足够的自信，自信会让你浑身都散发着耀眼的光芒。这样，你才能让别人相信你，从而获取成功。

苦练绝活，关键时刻抖出来

林岳自幼习武，遍访江湖名师，学得一身好功夫，打遍天下无敌手。林岳很为自己的武功自豪。

这天，朋友送了他一个"天下第一"的匾额，林岳很高兴，觉得自己的武功不负这个称号。正暗自得意之时，忽然听到看热闹的人里，有人小声说，少林寺空无和尚的武功那么好，都没有称天下第一，林岳的武功比空无和尚还好吗？这话林岳听着觉得很刺耳，于是决定去会会空无和尚。

第二天，林岳就骑马去了少林寺。一个月后，他终于赶到了少林寺。林岳进了寺院，拦住一个扫院子的小和尚，问他空无和尚在哪儿？小和尚说，他不在，云游四方去了。林岳又问，那他什么时候回来？小和尚说，不知道。小和尚的回答让林岳很恼火。

林岳觉得自己是个有耐心的人，所以他在山下等，一等就是半年。半年里，他每天都去少林寺问空无和尚回来了没有，得到的回答千篇一律，都是"还没有"。林岳怀疑，空无和尚根本就没有下山！所以，这天他怒气冲冲地冲进少林寺，进寺就喊，空无和尚，你给我出来！

少林寺的小和尚忙跑出来说，空无和尚还没回来。林岳已经不再相信他的话，上去就打。其他的小和尚忙过来劝，林岳连他们一起打。一时间少林寺内尘土飞扬，乱成一片。林岳的身手确实了得，很快，就摆脱了小和尚们的纠缠，来到了大殿里。大殿里有几个和尚正在一边敲木鱼一边念经。林岳说，我今天要是见不到空无和尚，就拆了这大殿！和尚们似乎没听见他的话，该敲木鱼敲木鱼，该念经念经。

林岳很生气，他走到一个念经的和尚面前，一脚踢飞了他正在敲的木鱼。和尚并没有恼怒，继续念他的经。林岳刚想抬脚去踢和尚，这时忽然有人和他说话，阿弥陀佛，施主息怒。

林岳回过头来，看见一个年轻的小和尚，不知什么时候，已经站在了他的身旁。小和尚说，你有什么话，可以和我说。林岳说，你是空无和尚？小和尚说，你说是就是。林岳打量着他面前的小和尚，也就20郎当岁的样子，怎么看也不像传说中的空无和尚。

林岳说，听说空无和尚的武功天下第一，我想和你比试比试。小和尚说，不敢不敢，出家人习武是为强身健体，不为其他。林岳说，少废话，我今天一定要和你比个高低。小和尚说，可是你已经输了。说着伸开手掌，掌心里托着一枚小飞镖，正是林岳腰间藏的暗器，不知什么时候被小和尚偷去了。林岳一阵脸红，但是他不服，还是要和小和尚比拳脚。小和尚没办法，答应他点到即止。

比武时，林岳招招狠辣，小和尚应付自如。林岳最后使出了他的独门武功，泰山拳。小和尚一惊，继而虚应了一招，然后迅速点了他腋下的极泉穴。林岳很快解开了穴位，继续出招。这时小和尚忽然飞身跃起，接住了从窗外飞进来的一张纸片，林岳根本就没注意这纸片飞进来。小和尚看了纸片一眼，就交给了林岳。林岳拿过来，看见上面有四个字，武无止境。

林岳如遭当头棒喝，当即跪在地上要拜小和尚为师。小和尚忙扶起林岳说，我不是空无和尚，刚才飞纸片的人才是。我和那些念经的和尚一样，以前也自以为是天下第一，当年也像你一样，来到寺里找空无和尚比武。是空无和尚让我明白，山外有山，人外有人，天下永无第一。

林岳听罢此言，当即落发为僧，成为念经和尚中的一员。

你拥有别人没有的绝活，这就是你安生立命的资本。中国有句古话："纵有良田万顷，不如一技在身。"其实，任何人都有自己的"一技之长"，只是有的人从始至终没有挖掘出来而已。只要发现并练好了自己的"一技之长"，就等于是拥有了一项"绝活"，在关键的时刻亮出它，定会让别人对你刮目相看，就像故事中的小和尚那样。

维斯康公司是美国20世纪80年代最著名的机械制造公司。詹森和许多人一样，在该公司每年一次的用人招聘会上被拒了。但是他并不灰心，发誓一定要进入这家公司工作。

于是，他假装自己一无所长，找到公司人事部，提出为该公司无偿提供劳动力，请求公司分派给他任何工作，他将不计任何报酬来完成。公司起初觉得简直不可思议，但考虑到不用任何花费，也用不着操心，于是便分派他去打扫车间的废铁屑。

在整整一年时间里，詹森勤勤恳恳地重复着这项既简单又劳累的工作。为了糊口，下班后他还得去酒吧打工。尽管他得到了老板及工人的一致好感，但仍然没有一个人提到录用他的问题。

1990年初，公司的许多订单纷纷被退回，理由均是产品质量问题，为此公司将蒙受巨大的损失。公司董事会为了挽救颓势，紧急召开会议，寻找解决方案。当会议进行了一大半还不见眉目时，詹森闯入会议室，提出要见总经理。在会上，他就该问题出现的原因作了令人信服的解释，并且就工程技术上的问题提出了自己的看法，随后拿出了自己的产品改造设计图。

这个设计非常先进，既恰到好处地保留了原来的优点，又克服了已经出现的弊病。

总经理及董事觉得这个编外清洁工很是精明在行，便询问他的背景及现状。于是，詹森当着高层决策者的面，将自己的意图和盘托出。之后经董事会举手表决，詹森当即被聘为公司负责生产技术问题的副总经理。

　　原来，詹森利用清扫工到处走动的特点，细心察看了整个公司各部门的生产情况，并一一详细记录，发现了所存在的技术问题并想出了解决的办法。他花了一年时间搞设计，做了大量的统计数据，终于完成了科学实验。

　　西班牙著名的智者巴尔塔沙·葛拉西安在其《智慧书》中告诫人们："在生活和工作中要不断完善自己，使自己变得不可替代。让别人离了你就无法正常运转，这样你的地位就会大大提高。"

　　一个人要想成大事，必须要找准自己的"一技之长"，并不断地给自己充电，提高自身的竞争力。在企业遇到危难或困境的时候，你一定要毫不犹豫地站出来、冲上去，用自己的"绝活"挽救企业危亡。这样，你才能够成为老板心中"不可替代"的人，才能更快地得到晋升的机会。

第九章
你可以失去金钱，却不能失去人脉

卡耐基说："一个人的事业成就85％来自人脉关系，只有15％来自专业知识。"如果你想获得事业的成功，就应该尽早建立自己的人脉。不久的将来，你会发现，这些正是助你成功必不可少的财富。

人脉是取之不尽的提款机

常常有人抱怨，自己想要创一番事业，却找不到方向，缺乏必要的资金支持，更得不到贵人帮助。其实，庞大的人脉就在你身边，只是你没有经营好它而已。

社会就如同一张网，交织点都是由人组成的，我们称之为人脉。人脉即人际关系，根据辞典里的说法，人脉的解释为"经由人际关系而形成的人际脉络"，经常用于政治或商业的领域，但其实不论做什么行业，人人都会使用人脉。

激励大师安东尼·罗宾说："人生最大的财富便是人际关系，因为它能为你开启所需能力的每一道门，让你不断地成长，不断地贡献社会。"人脉如同树脉，一棵小树苗要想长成参天大树，必须要有无数强壮的根脉供给它营养；人脉如同血脉，四通八达、错综复杂的血脉网络，是人的生命赖以存在的基础。

好人脉，可以为你带来巨大的财富。世界一流人脉资源专家哈维·麦凯就是巧妙地利用人脉来推销自己，从而找到一份好工作的。

哈维·麦凯上大学的时候，正赶上全国经济萧条，所以，他也成了千万失业大军中的一员。哈维·麦凯的父亲从前是位记者，认识一些在商界举足轻重的人物。其中有一位叫查理·沃德的先生，是全世界最大的月历卡片制造公司布朗·比格罗公司的董事长。4年前，沃德因税务问题而入狱服刑。哈维·麦凯的父亲发现别人控诉沃德逃税的案件有些失实，于是赴监狱采访沃德，写了一些公正的报道，帮他挽回了名誉，这使沃德非常感激麦凯的父亲。

出狱后，沃德专门找到对哈维·麦凯的父亲，对他说："你的孩子如果毕业后想找个好工作，我可以帮忙。"

走投无路的哈维·麦凯终于狠下心来，忐忑不安地拨通了沃德的电话。

谁知沃德回答得十分干脆，他说："你明天上午10点钟直接到我办公室面谈吧！"次日，哈维·麦凯如约而至。他为面试做了充分的准备，谁知招聘却变成了聊天。沃德兴致勃勃地谈到哈维·麦凯父亲的那一段狱中采访，整个谈话过程非常轻松愉快。

聊了一会儿之后，沃德说："我想派你到我们的直属公司工作，就在对街——品园信封公司。"

就这样，哈维·麦凯拥有了他的第一份工作，而且还有不菲的薪水和福利。

那不仅是一份工作，更是一份事业。42年后，哈维·麦凯已成为全美著名的信封公司——麦凯信封公司的老板。

在品园信封公司工作期间，哈维·麦凯熟悉了经营信封业的流程，懂得了操作模式，学会了推销的技巧，其中最大的收获就是他为自己积累了大量的人脉资源。这些人脉后来成了哈维·麦凯成就事业的关键。

哈维·麦凯事后深有感触地说："建立人脉关系就是一个挖井的过程，付出的是一点点汗水，得到的是源源不断的财富。"

常言道："10多岁比智力，20多岁比体力，30多岁比专业，40多岁比人脉。"无论是创业还是就业，掌握并拥有丰富的人脉资源，将拥有终身受用的无形资产和潜在财富。

建立你的人脉网，和你每个月雷打不动地往银行里存钱是一个道理。

银行里的钱存得越多，你所得到的利息就越多。一个拥有丰富的人脉资源的人，他可以比别人更快地获取有用的信息，进而转化为自己的财富。甚至，在有的时候，人脉资源还可以让你摆脱绝望的泥潭，转危为安。

一天，英国的一个名叫弗莱明的贫苦农夫正在田地里干活。忽然，附近沼泽里传来了呼救声，农夫赶忙放下手中的农具，奔向沼泽地。只见一个小孩正在泥潭中挣扎，淤泥已没到他的腰部。农夫奋不顾身地救起了小孩。

第二天，一辆豪华小汽车停在了这个农夫劳作的田边，一位风度优雅的英国贵族下车后，自我介绍说是被救小孩的父亲，他是亲自前来致谢的。农夫说，这件事不足挂齿。

贵族说："我想用一笔酬金来报答你，你救了我孩子的命。"农夫回答说："我不要报答，我不能因为做了一点事情就接受酬金。这是我应该做的。"

这时候，农夫的儿子刚好走出家门。"这是你的儿子吗？"贵族说，"我给你提一个建议，让我把你儿子带走，我要给他提供最好的教育。如果他像他的父母，他一定能成为令你骄傲的男子汉。"农夫同意了。

时光飞快地流逝，农夫的儿子从医学院毕业后，成为了享誉世界的医生。

数年以后，贵族的儿子因肺炎病倒了，经过注射青霉素，他的身体得到了痊愈。

那个英国贵族名叫伦道夫·丘吉尔，他的儿子便是在二战期间担任英国首相，领导英国人民战胜了纳粹德国的温斯顿·丘吉尔。农夫的儿子就是青霉素的发明者亚历山大·弗莱明。

在好莱坞，流行着一句话："一个人能否成功，不在于你知道什么，而是在于你认识谁。"人脉是一座无形的金矿，是取之不尽、用之不竭的提款机，无论你从事什么职业，学会处理人际关系，你就在成功的路上走了

90%的路程。

卡耐基说："一个人的事业成就85％来自人脉关系，只有15％来自专业知识。"如果你想获得事业的成功，就应该尽早建立自己的人脉。不久的将来，你会发现，这些正是助你成功必不可少的财富。

造船过河，不如借船过河

俗话说："单丝不成线，独木不成林。"一个人的本事再大，没有别人的帮助也是难以成功的。善于借助外力的人，才能更快地走向成功。

世界首富比尔·盖茨说："任何一个聪明的企业家都善于借助别人的力量，任何一个聪明的人也都善于借助别人的力量。不管是经商还是做人，都要学会有效借助别人的力量，那样可以大大缩短你成功的时间。"

台湾巨富陈永泰说："聪明人都是通过别人的力量，去达成自己的目标。"

当我们无力独自完成一件事时，不妨向身边的人求助，也许我们费尽心力无法办成的事，对别人来说却是小菜一碟。只有广泛地借助别人的力量，才能开拓自己的事业，获得自己想要的成功。

父亲带儿子去海边野炊。他们一起捡了许多被海浪冲到沙滩上来的小虾和贝壳后，父亲坐在有两块大石头的地方开始清洗那些小虾和贝壳，清洗完毕后就可以搭灶生火了。

搭灶最起码需要三块大石头，而跟前只有两块，父亲朝离此十多米处的一块岩石指了指，对儿子说："去把它搬过来！"

儿子走过去，那块石头看上去不大，但是它近一半陷在沙子里，所以重量远远超出了从视觉上的估计。儿子用尽全力想搬动它，可是只能松动一点点，然后因为力气不够而松开手，无奈地眼看着它重新陷回坑里。

儿子努力了很久，但是每次都以失败告终。父亲大声问："为什么不用尽全力？"

儿子委屈地说自己已经尽全力了，但是依旧搬不动它，边说边继续努力尝试着想搬移那块石头，并以此证明给父亲看，他的怀疑是错误的。

"不，你没有尽全力！如果你尽全力了，你应该想到向我求助，我相信凭我们两个人的力量，足以将这块石头搬移过去！"父亲说完后就走了过来，和儿子一起把那块石头抬到了锅旁边。父亲的双手捧在那块石头的中间，而且尽量弯下身躯，使儿子的双手也足以够上。

放下石头后，父亲拍了拍手上的沙尘说："你要记住，你的全力并不仅仅是指你自己一双手臂上的所有力量，它还指你的脑力，甚至是求助于别人。"

"可是，别人的力量又怎能算是我的力量呢？"儿子不解地问。

"你说的很对，但是当你在面对一项你无法凭一己之力做到的事情时，求助便也是一种属于你的力量！"父亲说。

中国的荀子说："登高而招，臂非加长也，而见者远；顺风而呼，声非加疾也，而闻者彰；假舆马者，非利足也，而致千里；假舟楫者，非能水也，而绝江河。君子生非异也，善假于物也。"而西方的牛顿也说："我的成功只是因为我站在巨人的肩膀上。"能够成就大事的人，都不是孤军奋战者，他们懂得适时借用别人的力量，来开创自己的事业。

奥地利著名作家斯蒂芬·茨威格说："一个人的力量是很难应付生活中无边的苦难的。所以，自己需要别人帮助，自己也要帮助别人。"那些成功的人士从来不认为自己的成功是单打独斗出来的。有了别人的帮助，不仅能缩短成功的时间，还能加大你的成功概率。如果你也想干一番事业，那就去学会求助别人，摆脱单打独斗的个人英雄主义吧。

再穷也要挤到富人堆里

有句话说，你想成为什么样的人，就和什么样的人在一起。跟勤奋的人在一起，你不会懒惰；跟积极的人在一起，你不会消沉；与智者同行，你会越来越睿智；与愚者为伍，你将越来越低能。

在西方，"近朱者赤，近墨者黑"的观点也同样盛行。犹太人认为：将和你比较亲密的5个人和他们的收入写出来，就能计算出你的收入。这5个人收入的平均数，就是你的收入。虽然很多人不相信这种说法，但是事实却证明这种说法的正确性相当高。

《孔子家语·六本》中有这样一个故事：

孔子说："我死之后，子夏的学问会越来越优秀，子贡的学问却会退步。"

曾子心中疑惑，问："为什么呢？"

孔子说："子夏喜欢与比他贤德的人在一起，而子贡却喜欢与不如自己的人在一起。不了解他的孩子，可以看看他的父亲；不了解一个人，可以看他周围的朋友；不了解君王，可看他所任用的臣子；不了解一个地方的土质，看那儿长出的草木状况便可知道。所以说，跟善良的人一起，就像到了长满香草的房子里，时间久了之后，也不觉得香了，因为已经与它同化；而跟恶人一起，就如同走入卖渍鱼的店铺里，时间长了，也不觉得臭了，因为也被它同化了。所以，君子必然谨慎地选择与自己在一起的人啊！"

在生活中，你喜欢跟穷人在一起，即使你再成功还是一个穷人。在乞丐中做得最成功的最多就是一个"丐帮帮主"；而在富人圈里的哪怕是富人的门童，至少也是富人。因为天天与富人在一起，学到的思维和行为方式就给门童奠定了成为富人的基础。

日本有一位穷其一生研究犹太人经商思维和行为习惯的教授叫手岛佑郎，他有一句名言："有一种穷人算是穷到家了，他们宁愿位列一支穷人的队伍之首做一辈子穷人，也不愿跑到一支富人的队伍之尾去做一会儿富人。"

有一次，手岛佑郎到一所大学去演讲。他给听众一一例举了犹太商法的32种智慧。这时，一个迟到的听众递上一张纸条，问什么是犹太商法。

手岛佑郎大声说："我在解释之前，先向你提三个问题吧。"

"第一个问题，如果有两个犹太人掉进了一个大烟囱，其中一个身上满是烟灰，而另一个却很干净，那么他们谁会去洗澡？"

"当然是那个身上脏的人！"

"错！那个被弄脏的人看到身上干净的人，认为自己一定也是干净的，而干净的人看到脏人，认为自己可能和他一样脏，所以是干净的人要去洗澡。"

"第二个问题，他们后来又掉进了那个大烟囱，情况和上次一样，哪一个会去澡堂？"

"这还用说吗，是那个干净的人！"

"又错了！干净的人上一次洗澡时发现自己并不脏，而那个脏人则明白了干净的人为什么要去洗澡，所以这次脏人去了。"

"第三个问题，他们再一次掉进大烟囱，去洗澡的是哪一个？"

"这？是那个脏人。不，是那个干净的人！"

"你还是错了！你见过两个人一起掉进同一个烟囱，结果一个干净、一个脏的事情吗？"

这时，底下的听众鸦雀无声，只有手岛佑郎的声音在回响着："这就是犹太商法，这就是'穷，也要站在富人堆里'的灵魂！穷是一种切肤没齿的感受，富是一种矜持倨傲的状态。穷人赞羡富人积累财富的结果，却忽略了富人通达财路的智慧。穷到富的转变是大多数人所憧憬的，但没有致富的思想和手段，富有殷实只是聊以自慰的幻想。穷人不能只是慨叹命运不济。穷人只有站在富人堆里，汲取他们致富的思想，比肩他们成功的状态，才能真正实现致富的目标。"

手岛佑郎说完后，现场立即响起热烈的掌声。

犹太经典《塔木德》中有一句话："和狼生活在一起，你只能学会嗥叫。"马克·吐温也说："尽量远离那些轻视你雄心壮志的人。挫他人的志气是小人一贯的伎俩；相反，真正伟大的人则会令你感觉到自己的不平凡。"如果你想成为一个成功的人，那你就去想方设法接近那些成功人士，这样你才能更快地接近成功。

比如，你想进军房产界，那你就去结识几个善于投资房产的成功人士，这些人有丰富的房产投资经验，耳濡目染，潜移默化，你就能学会像他们一样思考，从而轻松地找到成功的路径。

所以，我们应该做的，是无论在任何情况下，都要不惜一切代价进入能够激发自己潜能的氛围中，努力接近那些了解你、信任你、鼓励你的人。这对你日后的成功具有莫大的影响。古代"千金买邻"的故事便能很好地说明这点：

南北朝的时候，有个叫吕僧珍的人，他待人忠实厚道，从不跟人家要心眼。吕僧珍的家教极严，他对每一个晚辈都耐心教导、严格要求。他的一个堂兄本以卖葱为业，听说吕僧珍当官后，就放弃旧业，要求吕僧珍为他在州里安排个官做做。吕僧珍说："我蒙受国家重恩，只求秉公任事以上报朝廷。你有自己的职业，怎能因为我做了官便存非分之想，应赶紧回到你的葱铺去。"

南康郡守宋季雅也是个正直的人，他为官清正，从不徇私枉法，所以他得罪了很多朝中显贵，一些大官僚都视他为眼中钉、肉中刺，总想除去这块心病。终于，宋季雅被革了职。

宋季雅被罢官以后，一家人都只好从壮丽的大府第搬了出来。可是到哪里去住呢？这是一个颇让宋季雅头疼的问题。他离开住所，四处打听，看哪里的住所最符合他的心愿。很快，他从别人口中得知，吕僧珍家是一个君子之家，家风极好，不禁大喜。宋季雅来到吕家附近，发现吕家子弟个个温文尔雅，知书达理，果然名不虚传。

说来也巧，吕家隔壁的人家要搬到别的地方去，打算把房子卖掉。宋季雅赶快去找这家要卖房子的主人，愿意出1100万钱的高价买房，那家人很是满意，二话不说就答应了。于是季雅将家眷接来，就在这里住下了。

吕僧珍过来拜访这家新邻居。两人寒暄一番，吕僧珍问宋季雅："先生买这幢宅院，花了多少钱呢？"宋季雅据实回答，吕僧珍很吃惊地说："据我所知，这处宅院已不算新了，也不很大，怎么价钱如此之高呢？"宋季雅笑了，回答说："我这钱里面，100万钱是用来买宅院，1000万钱是用来买您这位道德高尚、治家严谨的好邻居的啊！"

宋季雅宁肯出高得惊人的价钱，也要选一个好邻居，这是因为他知道好邻居会给他的家庭带来良好的影响。可见环境对于一个人各方面的影响，是不容忽视的。

所谓物以类聚，人以群分，天天跟小鸡在一起，永远只会是鸡；所以，小鸡要找大雁交朋友才会有提升；已经是大雁了，就要找雄鹰交朋友才对。

不懂合作，再拼搏也难以大成

在生活中，你总觉得自己交不到可以信赖的朋友；在工作上，你感觉周围的同事都在有意孤立你；在事业上，你虽有天才的想法，却无人应和。那么惟一的答案就是你忽略了赢得成功非常重要的一点：与人合作。

世界巨商保罗·盖帝说过，我宁可用1000人每人1%的努力，也不用我一个人100%的努力去完成一件事。一个人的本事再大，也没有众人努力的效果好。

1985年，法国科学家曾发现蚂蚁能救火。后来，英国一位动物学家的实验证实了法国科学家的发现。

英国科学家把一盘点燃的蚊香放进了一个蚁巢。开始，巢中的蚂蚁惊恐万状，约20秒钟后，许多蚂蚁见险而上，纷纷向火冲去，并喷射出蚁酸。可一只蚂蚁能喷射的蚁酸毕竟有限，因此一些"勇士"葬身火海。但它们前赴后继，不到一分钟，终于将火扑灭。存活者立即将"战友"的尸体，移送到附近的一块"墓地"，盖上一层薄土，以示安葬。

一个月后，这位动物学家又把一支点燃的蜡烛放到原来的蚁巢进行观察。尽管这次"火灾"更大，但这群蚂蚁却已有了经验，调兵遣将。迅速协同作战有条不紊。不到一分钟，烛火即被扑灭，而蚂蚁无一遇难。科学家认为蚂蚁创造了灭火的奇迹。

蚂蚁面临灭顶之灾的非凡表现，尤其令人震惊。

在野火烧起的时候，为了逃生，众多蚂蚁立即聚拢，抱成一团，然后像滚雪球一样飞速滚动，逃离火海。那噼里啪啦的烧焦声，是最外层蚂蚁用自己的躯体开拓求生之路时的呐喊，是奋不顾身、无怨无悔的呐喊。

在那年洪水暴虐的时候，聚在堤坝上的人们凝望着凶猛的波涛，突然有人惊呼："看，那是什么？"一个像人头的黑点顺着波浪漂了过来，大家正准备再靠近些准备去营救。"那是蚁球。"

一位老者说："蚂蚁这东西，很有灵性。1969年发大水，我也见过一个蚁球，有篮球那么大。洪水到来时，蚂蚁迅速抱成团，随波逐流。蚁球外层的蚂蚁，有些会被波浪打落水中。但只要蚁球能靠岸，或能碰到一个大的漂流物，蚂蚁就得救了。"不长时间，蚁球靠岸了，蚁群像靠岸登陆舰上的战士，一层一层地打开，迅速而井然有序地一排排冲上堤岸。岸边的水中留下一团不小的蚁球。那是蚁球里层的英勇牺牲者。它们再也爬不上岸了，但它们的尸体仍紧紧地抱在一起。那么平静，那么悲壮……

与蚂蚁一样，合作也是人类不可或缺的生存方式，在社会分工越来越细的情况下尤其如此。我们只有认识到自身的渺小，才能明白合作的重要性。单打独斗、喜欢当"独行侠"的人前途将会黯淡无光。

曾经有记者采访世界首富比尔·盖茨时问他成功的秘诀，盖茨说："因为有更多的成功人士在为我工作。"陈安之的超级成功学也提到：先为成功的人工作，再与成功的人合作，最后让成功的人为你工作。

戴维·史华兹出身寒微，15岁就辍学自谋生路，但他有很强的进取心，小小年纪就立志要成为一个大企业家，而且不露声色地执行着自己心中的计划。

18岁那年，史华兹进入斯特拉根服装公司做业务员。这是一家著名的时装公司，史华兹在这里工作的一年当中，学到了很多经验，这些经验为他后来的事业打下了良好的基础。

在斯特拉根时装公司干了一年后，史华兹决定创办一家服装公司，开拓自己的事业。

史华兹和一个朋友合伙，用7500美元开办了一家小小的服装公司。公司虽小，但它是属于自己的，这对于史华兹来说，无疑是非常重要的开端。

史华兹将全部精力都投入到了这家服装公司，在他的出色经营下，公司发展得很快，生意相当不错。

不久后，史华兹又不满足了，他认为，公司老是做与别人一样的衣服是没有出路的，必须要有一个优秀的设计师，能设计出别人没有的新产品，才能在服装业中出人头地。

然而，这样的设计师到哪儿去找呢？

一天，他外出办事，发现一位少妇身上的蓝色时装十分新颖别致，竟不知不觉地紧跟在她后面。

少妇以为他心怀不轨，便转身大声骂他要流氓。史华兹这才醒悟，觉得自己实在是太唐突了，连忙向少妇道歉和解释。

少妇心中疑团解开，转怒为笑，并告诉史华兹这套衣服是他丈夫杜敏夫设计的。于是，史华兹心里就有了聘请杜敏夫当自己公司设计师的念头。

聘请杜敏夫前，史华兹对杜敏夫进行了一番调查，并从调查中得知杜敏夫果然是位很有才能的人。他精于设计，曾在三家服装公司干过。他最近一次离开服装公司的原因非常简单：当他提出一个很好的设计方案时，不懂设计的店主不但不予嘉许，反而横挑鼻子竖挑眼，蛮不讲理地训斥了他一顿，自尊心极强的杜敏夫受不了这份窝囊气，干脆一走了之。

史华兹从小就自谋生计，饱受世态炎凉，对杜敏夫的遭遇很是同情，当即决定聘用他。

然而，当史华兹登门拜访时，杜敏夫却闭门不见，令史华兹十分难堪。

但史华兹知道，一般有才华的人难免会意气用事，只有用诚心才能去感化他。所以他并不气馁，接二连三地走访杜敏夫的家，几次三番地要求接见。他这种求贤若渴的态度，终于使杜敏夫为之动容，接受了史华兹的邀请。

杜敏夫果然身手不凡，他向史华兹建议采用当时最新的衣料——人造丝来制作服装，并且设计出了好几种颇受欢迎的款式。

史华兹是第一个采用人造丝来做衣料的人。由于造价低，而且抢先别人一步，尽占风光，公司的业务蒸蒸日上，在不到10年的时间里，就成为服装行业中的"大哥大"。

当代社会是一个充满竞争与挑战的社会，我们与同伴们竞争资源、竞争机会，但这并不意味着凡事都要争个你死我活，学会合作才能共赢。

集思广益、合作双赢是人类最了不起的发明，它不仅创造了奇迹，也激发了人类的潜能。金字塔不是一个人垒起来的，长城也不是一个人修好的。世界上任何一个伟大的建筑，都不是靠一人之力完成的。成功者都深谙这个道理：成功是靠组织、靠团体，而不是靠个人。

有一个故事说，古希腊时期的塞浦路斯，有一座城堡曾经关着一群小矮人。传说他们是因为受到了可怕的诅咒而被关到了这个与世隔绝的地方。他们找不到任何人可以求助，没有粮食，没有水，7个小矮人越来越绝望。小矮人没有想到，这是神灵对他们的考验，关于团结、智慧、知识、合作的考验。

小矮人中，阿基米德是第一个收到守护神雅典娜托梦的。雅典娜告诉他，在这个城堡里，除了他们待的那间阴湿的储藏室以外，其他的25个房间里，只有1个房间里有一些蜂蜜和水，够他们维持一段时间；而在另外的24间房里有石头，其中有240块玫瑰红的灵石，收集到这240块灵石，并把它们排成一个圈的时候，可怕的咒语就会解除，他们就能逃离厄运，重回自己的家园。

第二天，阿基米德迫不及待地把这个梦告诉了其他6个伙伴，其中4个人都不相信，只有爱丽斯和苏格拉底愿意和他一起努力。开始的几天里，爱丽斯想先去找木材生火，这样既能取暖又能让房间里有些光线；苏格拉底想先去找那个有食物的房子；而阿基米德想快点把240块灵石找齐，好快点儿让咒语解除。3个人无法统一意见，于是决定各找各的，但几天下来，3个人都没有成果，而且累得筋疲力尽，更让其他的4个人取笑不已。

但他们3个人没有放弃，失败让他们意识到应该团结起来。他们决定，先找火种，再找吃的，最后大家一起找灵石。这是一个灵验的方法，3个人很快在左边第二个房间找到了大量的蜂蜜和水。最后，他们终于在密切的配合下实现了共同的愿望，解除了魔咒。

一个人只顾眼前的利益，不懂得合作和共同发展，那么他所得到的一切终将是昙花一现；一个人目标长远，有合作精神，懂得取长补短，才能取得事业上的成就，创造出灿烂的人生。

事实上，合作双赢早已不是什么秘密，试想一个无法与他人合作的人又如何能够让别人认可接受自己的想法，进而影响他人呢？

所以，除了合作，你无路可走！

赞美，打开人脉之门的金钥匙

我们身边的每个人，包括我们自己，都渴望得到别人的赞美。美国总统林肯曾说："人人都需要赞美，你我都不例外。"赞美别人，仿佛用一支火把照亮别人的生活，同时也会给自己带来好运。赞美是打开人脉之门的金钥匙，也是效率最高的人脉语言。

1921年10月，美国钢铁大王卡内基以100万美元的超高年薪聘请夏布出任CEO。许多记者问卡内基为什么是他？卡内基说："他最会赞美别人，这是他最值钱的本事。"卡内基本人也是这么做的。他的墓志铭是这样的："这里躺着一个人，他懂得如何让比他聪明的人更开心。"可见，赞美在人脉经营中是多么重要。

某王爷手下有个著名的厨师，他的拿手好菜是烤鸭，深受王府里的人喜爱，尤其是王爷，更是倍加赏识。不过这个王爷从来没有给予过厨师任何表扬，使得厨师整天闷闷不乐。有一天，王爷家里来了一位远方的贵客，王爷点了数道名菜招待贵宾，其中一道就是王爷最喜爱吃的烤鸭。厨师奉命行事，然而，当王爷挟了一只鸭腿给客人时，却找不到另一条鸭腿，便问身后的厨师说："另一条腿到哪里去了？"

厨师说："禀王爷，我们府里养的鸭子都只有一条腿！"王爷感到诧异，但碍于客人在场，不便问个究竟。

饭后，王爷便跟着厨师到鸭笼去查个究竟。时值夜晚，鸭子正在睡觉。

每只鸭子都只露出一条腿。厨师指着鸭子说："王爷你看，我们府里的鸭子不全都是只有一条腿吗？"王爷听后，便大声拍掌，吵醒鸭子，鸭子当场被惊醒，都站了起来。王爷说："鸭子不全是两条腿吗？"

厨师说："对！对！对！不过，只有鼓掌拍手，才会有两条腿呀！"

托尔斯泰说："就是在最好的、最友善的、最单纯的人际关系中，赞美也是必要的，正如润滑对轮子是必要的，可以使轮子转得更快。"吝啬赞美，很可能让你失去一位真心朋友；多一些赞美，生活将会变得趣味盎然。

从社会心理学角度来说，赞美也是一种有效的交往技巧，能有效地缩短人与人之间的心理距离。马克·吐温有一句名言："我接受了人家愉快的称赞之后，能够光凭着这份喜悦生活两个月。"的确，称赞、恭维之词是令人畅快无比的。

1671年5月，伦敦发生了一起令人震惊的盗窃案。一伙盗贼潜入伦敦市郊的马丁塔，想盗走英国的镇国之宝——英国国王的皇冠。然而，这群盗贼技艺不够高超，被守塔的卫队给擒住了。

事后查明，这伙盗贼一共5个人，是集团作案，为首的是一个叫布雷特的家伙。此人能言善辩，机警诡诈。

英国国王查理二世听说有人去盗他的皇冠，非常震惊，亲自审问这个胆大妄为的狂妄之徒。

盗贼头目布雷特被押到了国王面前，查理二世看着这个其貌不扬的人，实在看不出他有什么特别之处。于是开口问道："听说你还有男爵的头衔？"

"是的，陛下。"布雷特老实地回答。

"我还听说你这个头衔是因诱杀了一个叫艾默斯的人而得来的？"

"陛下，我只是想看看他是否配得上您赐予他的那个高位，如果他轻而易举地就被我打发掉，陛下就能挑选一个更适合的人来接替他的位置。"

查理二世沉思了片刻，觉得布雷特不仅胆大包天，而且口齿还很伶俐。于是又厉声问道："你的胆子可真不小啊，居然敢来偷我的王冠？"

"陛下，我知道我的行为有点狂妄，不过我只是想借此来提醒您关心一下我这个生活没有依靠的老兵。"

"什么？可是你并非我的部下啊！"查理二世惊奇地问道。

"陛下，我从来都不曾与您为敌过。现在天下太平，所有的臣民不都是您的部下吗？我当然也是您的部下。"

查理二世感到此人更像个无赖，就直接问道："那你说吧，我该怎么处理你？"

"从法律的角度来看，我应该被处死。但是，我们5个人死后，每一位至少会有两位亲属为之落泪。而从陛下您的角度来看，多10个人的赞美，总比多10个人的眼泪要好得多，您说对吗陛下？"

查理二世没想到他会这样回答，接着又问："那么你觉得自己是个勇士还是懦夫？"

"陛下，我现在连个安身的地方都没有，到处都有人在抓我。直到去年我在家乡搞了一次假出殡，让一些人以为我死掉了，才不再被人抓。这显然不是一个勇士的行为。因此，尽管在别人面前我是个勇士，但在陛下的权威面前，我是个懦夫。"

查理二世听到布雷特强词夺理的辩解，居然大悦，不仅赦免了他，还赏给他一笔不小的赏金。

没有人不喜欢被赞美，这是人的一种天性。赞美别人，可以体现你的智慧和修养，也会给别人以被尊重的感觉，从而对你刮目相看。

世界上最成功的商人之一、美国亿万富翁德士特·耶格建议人们："你只需要练习向别人说你自己喜欢从别人那里听到的事情。当他们出色地做到某件事情后，你能够祝贺他们。你懂得告诉他们，你是多么欣赏他们所做出来的贡献。当他们看起来很不错或者对你说了有价值的东西时，要告诉他们你的想法。"

一位孀居多年的老妇人应邀去参加一个别有特色的情人舞会。舞会的组织者旨在使参与者们能够回忆起他们的年轻时代。舞会上，这位妇人曾经有过的两位情人也来了。第一位情人见到那妇人时脱口而出："哟，你和年轻时完全不一样了，真的变成一个老太婆了。"第二位却对她说："亲爱的，你今晚太美了。人们都说岁月是美丽的杀手，可它丝毫未能摧毁你的优雅。要是你不介意的话，我多么希望自己能成为你今后的生活伴侣。"

接下来，舞会开始了。

老妇人在第二位情人的邀请下走上舞场，舞曲一支接一支地放，两人一支接一支地跳，直到舞会终场，她礼貌地向两位情人道别，便转身走了。3天以后传来了这位老妇人的死讯，两位情人及时赶到，并分别得到一封信和一个包裹。在给第一个情人的信里，老妇人说："你是一个诚实的人，你说了真话，现在我把我一生的日记全部留给你，从中你可以看到一个女人真实的内心世界。"

在给第二个情人的信里，老妇人说："感谢你一席美丽的谎言，它让我度过了一个美好的夜晚，并足以把我一生的梦幻带到另一个世界。为此我将留给你我全部的财产，你可以用它继续向其他女人编造赞美的谎言。"

赞美被誉为"不可多得的社交法宝"，可以为你赢得广泛的人缘。真诚的赞美就如同和风细雨，能够融化人与人之间的冰冷、陌生，让关系变得柔和、亲切起来。赞美是一种美德，它不需要你付出多大的代价，却能给别人带来无与伦比的自信和勇气，给自己带来丰厚的人脉。

多多进行感情投资

如果有人问你：世界上什么投资回报率最高？你可能会回答说：股票、黄金、房产、古董……而日本麦当劳的社长藤田的答案是：在所有投资中，感情投资花费最少，回报率最高。

所谓感情投资，就是把感情代替其他的一些具有价值的投资资本来进行投资。俗话说：动人心者莫过于情。金钱在调动别人的积极性方面不是万能的，而真情却恰好可以弥补它的不足。因为生活中的每一个人，都是有感情的动物，想要别人为你卖命，首先要有感情基础。"爱出者爱返，福往者福来"，只要你对别人付出了真情，就一定能得到相应的回报。

梁启超先生说："天下最神圣的莫过于情感。用理解来引导人，顶多能叫人知道哪件事应该做，哪件事怎样做法，却被引导的人到底去做不去做，没有什么关系。有时所知的越发多，所做的倒越发少。用情感来激发人，好像磁力吸铁一般。有多大分量的磁，便引多大分量的铁，丝毫容不得躲闪。所以情感这样东西，可以说是一种催眠术，是人类一切动作的原动力。

情感的性质是本能的，但它的力量，能引人到超本能的境界；情感的性质是现在的，但它的力量，能引人到超现在的境界。我们想入到生命之奥，把我的思想行为和我的生命迸合为一，把我的生命和宇宙和众生迸合为一，除却通过情感这一个关门，别无他路。所以情感是宇宙间的一种大秘密。"

明代宰相严嵩是中国历史上著名的奸臣之一，他当政二十多年，把嘉靖皇帝玩于股掌之中，群臣只能听任他的摆布。

有一次，宜春县令刘巨塘进京觐见嘉靖皇帝后，随从众人前往严府，为严嵩祝寿。严嵩十分傲慢无礼，随意招呼过众人，命人把大门关上，禁止任何人出入。

到了大中午，仍然没人安排酒食。刘巨塘饥渴交加，只得在府中乱转。

这时，一名叫严辛的仆人把刘巨塘领到自己的住处，用好酒好菜招呼他，并告罪说："我家主人怠慢大人，小人若让大人不责怪我家主人，小人就稍感安心。"

刘巨塘有点受宠若惊："我官小职微，无足轻重，承蒙你家主人接待，已感荣幸，哪敢责怪呢？"

严辛笑了笑："大人真的没有怨言？"

刘巨塘担心担心窗外有二，于是正色说："我真心为你家主人祈福，哪有怨言可发？"

严辛说："此地就你我二人，大人不必讳言。我虽为严家仆人，也知世故人情，故而和大人倾心交谈。"

刘巨塘不明其意："你有何意，直接讲出来，我绝不外传。"

严辛起身，拱手说："与大人相识，是我的造化，还望大人日后关照我，不忘今日之情。"

刘巨塘不解地说："你家主人如日中天，我只是小小县令，能为你做什么事儿呢？"

严辛缓缓说道："我家主人对上恭顺，对下傲慢，以君子自居，却行小人之事。我追随他多年，深知他有败露之时。有一天，他大祸临头，我等势必受到牵连，现在不趁早寻个依靠，找个退路，为时晚矣。我见大人心地良善，当为托付之人，故而赤诚相告。"

刘巨塘惊骇不已，随口道："你就这么肯定你家主人要遭祸吗？我实难相信呐。"

严辛郑重说："大人遭他轻视，只此一节，便可察知他的为人真相了，大人还有何怀疑吗？所谓察微知著，一叶知秋，今日之事乃大人所亲历，自无需我多言了。"

刘巨塘心中佩服严辛的见识，嘴里却百般不予承认。

几年后，严嵩垮台，严世蕃被杀，仆人严辛受牵连而下狱。此时，刘巨塘正好在袁州当政，主理严辛的案子。他感念旧情，将严辛发配边疆，免其一死。

中国有句古话叫："平时不烧香，急来抱佛脚。"其实在这种情况下，再灵的佛都不会帮助你。因为你平常心中就没有佛，有事才来恳求，佛怎会当你的工具呢？所以，我们应该平时多烧烧香，这样才能显出你的诚意来。在事到临头之际，佛也会念在你往日情谊的份上帮助你。

20多年前，美国移民潮风起云涌。一个叫迈克的年轻律师，在一个移民集中的小镇，成立了一个律师事务所，专门受理移民的各种事务和案件。创业之初，尽管他每天忙碌，但他仍然穷得连一台复印机都买不起，他整天开着一辆破车，来往于移民之间，尽自己的所能，真诚地帮助需要帮助的移民。后来随着迈克律师事务所在当地小有名气，财富也接踵而来，他的办公室扩大了，并有了自己的雇员和秘书。

正当他事业如日中天的时候，一念之间他将所有的资产都投资于股票，并且几乎全部亏尽，更不巧的是，由于美国移民法的修改，职业移民额削减，他的律师事务所也门庭冷落，他破产了。正在他不知自己的下半生如何度过、感叹人生无常时，他收到了一位公司总裁寄来的信。信中说他愿意把公司30％的股份无偿赠送给迈克先生，并且旗下的两家公司，随时都欢迎他做终身法人代表。

迈克简直不相信自己的眼睛，这是真的吗？是谁在自己最危难的时候帮助自己，迈克决定亲自去拜访这位总裁。

他是一位40开外的波兰裔中年人。"还认识我吗？"总裁微笑着问迈克。迈克摇头，怎么也想不起在哪见到过他。

总裁从硕大的办公抽屉中，拿出一张皱巴巴的5美元汇票和一个写有迈克名字和地址的名片，总裁接着说："20年前，我来到美国时，准备用身上仅有的5美元去办理工卡，但当时我不知道工卡已经涨到了10美元，当排到我的时候，办事处快下班了，但当天我如果我没办上工卡，那么我在公司的位置将会被别人顶上，而此时你从身后递过来5美元，当时我让你留下姓名、地址、以便日后把钱奉还，当时你留下了这张名片……"

迈克渐渐想起这事了，他问："后来呢？"

"不久我在这家公司连续申请了两个专利，事业发达起来，本想加倍地把钱奉还给你，但我到美国之后工作生活经历了许多的磨难和冷遇，是你这5美元改变了我对人生和社会的态度，我怎么会把这5美元轻易的送出呢？"

这个故事听起来蕴含着偶然性，而偶然性的发生却蕴含着必然性。在别人最困难的时候帮他一把，就等于储备了一个"人情"，在关键的时刻，这个"人情"往往能发挥巨大的作用。试想一下，假如当初迈克不去用5美元助人，那么今天他怎么会得到总裁那么大的恩惠呢？

世间事逃不过一个"情"字，情真方能动人，只因无论再铁石心肠的人也难免不为真情所动。古人云：士为知己者死。只要你能有目标地进行长期感情投资，别人也一定会用别的方式来回报你。虽然你现在做着"亏本"的生意，但在日后，你就会本息双收。

多个朋友多条路，多个敌人多堵墙

在现实生活中，我们不管与家人相处也好，与客户相处也好，与朋友相处也好，反正只要生活在地球上，就免不了和人打交道。在与别人相处的过程中，难免会发生这样的事：别人无意间做了伤害你的事，你是宽容他，还是伺机报复，又或是老死不相往来？

一般人总认为，做错了事就应得到惩罚，这样才算公平，但阿萨吉奥利却说："如果没有宽恕之心，生命就会被无休止的仇恨和报复所支配。"人生在世，谁都难免犯错，只要对方不是故意的，我们就应给予原谅，并给他重新认识自我和改正求新的机会，让他感受你的人格力量。反过来想想，对方在做错了事情之后，肯定会后悔莫及，心里难免忐忑不安。这时候，我们需要大度一点，宽容对方，那么，他就会对你心生感激，你也将获得一个肝胆相照的朋友。

林肯是美国第16任总统，也是美国历史上最伟大的三位总统之一，其他两位分别是华盛顿和罗斯福。林肯小时候家境贫寒，用他自己的话说，他的童年是"一部贫穷的简明编年史"。林肯有一位慈祥勤劳的继母，对小林肯充满爱心、视如己出，林肯也非常敬爱继母。

12岁那年，林肯不得不中断学业，去做了一个伐木工人。伐倒的木材，工人们就在木头的尾部用墨水写上自己的名字的第一个字母，表示这根木头是自己所伐的，然后再去向老板要钱。林肯的全名亚伯拉罕·林肯，所以他就在自己伐倒的木材上写上一个"A"字。但是有一天他发现自己辛苦砍伐的10多根木头被人写上了"H"，这显然是有人盗用了林肯的劳动成果。

林肯生气极了，回家对继母说："一定是那个叫亨得尔的家伙干的，我去到他们家找他论理去。"

继母看着林肯说："孩子，听我给你讲个故事。从前有一个人叫斑卜，他以打猎为生，经常在密林中安装捕兽套子。有一天他又去收套子，却发现动物已经被别人取走了。斑卜很生气，就画了一个正午的太阳，还有两个人站在捕兽套边的图案。第二天他来到了这里，看到有一个浑身插满了野鸡毛的印地安人在那里等他。他们彼此语言不通，只能通过打手势来对话，印地安人用手势告诉斑卜这里是我们的地盘，你不可以在这里装套子。斑卜也打手势说：这是我装的套子，你不能拿走我的果实。斑卜想，与其多个敌人，还不如多一个朋友，于是他就大方地将捕兽套送给那个印地安人了。后来有一天斑卜打猎时遇到了狼群追赶，被迫跳下了悬崖，等到他醒来的时候，他发现自己正躺在印地安人的帐篷里，伤口上还有印地安人给他上的药。此后他就成了印地安人的好朋友，和他们生活在一起，共同打猎。"

继母讲完了故事后，微笑着看着林肯说："孩子，你要学会宽容别人，这样才能使自己的路越走越宽广。要不然，你在社会上就会到处树敌，很难成功的。"

此后，林肯牢记着继母的教导，这种宽容的美德为他以后的人生铺平了道路，最终竞选为美国总统。后来，林肯因准备起用一名曾迫害过自己的政客而遭到同僚们的一致反对。然而林肯对他的部下这样解释说："把敌人变为自己人有什么不好呢？我这样做既可消灭一个敌人，而是又多得到一个朋友……"

英国诗人济慈说："人们应该彼此容忍，每个人都有缺点，在他最薄弱的方面，每个人都能被切割捣碎。"所以，原谅是消除矛盾最有效的方法。冤冤相报何时了，以眼还眼、以牙还牙只会弄得个两败俱伤的结果，倒不如彼此谅解、彼此宽容，让生活重新变得明亮起来。

第二次世界大战期间，一支部队在森林中与敌军相遇，激战后两名战士与部队失去了联系，这两名战士来自同一个小镇。

两人在森林中艰难跋涉，十多天过去了，仍未与部队联系上。随身干粮已耗尽，在这节骨眼上，他们打死了一只鹿，依靠鹿肉他们又勉强维持了几天。

也许是战争使动物四处奔跑或者被杀光，这以后他们再也没有看到任何动物，他们仅剩下一点鹿肉，背在其中一个战士身上。这一天，他们在森林中又一次与敌人相遇，经过一场激战，他们巧妙地避开了敌人。就在他们都认为比较安全时，只听一声枪响，走在前面、背鹿肉的战士中了一枪——幸亏打在了肩膀上。后面的士兵惶恐地跑了过来，抱着战友的身体悲痛不已，并赶快把自己的衬衣撕下来包扎战友的伤口。

后来，尽管饥饿难忍，可他们谁也没动身边的鹿肉，他们就在这样的境况下，熬过了几天几夜，直到部队把他们救了出来。

事隔30年，那位受伤的战士说："我知道是我的战友当时开的那一枪，他抱住我时，枪口还是热的，我知道他是想独吞我身上的鹿肉。此后30年我假装不知道此事，也从不提及。有一天，他跪下来，请求我原谅，我没让他说下去。我们又做了几十年的朋友，我宽恕了他。"

宽容，是一种大将风度，是高尚的人格修养；宽容，意味着你不会再为他人的错误而惩罚自己。美国心理学家克里斯托弗·皮特森说："宽恕与快乐紧紧相连，宽恕是所有美德之中的王后，也是最难拥有的品格。"宽容是善待他人最好的方式，能够化解一切仇恨。

宽容别人，不是懦弱，更不是妥协，而是一种伟大的智慧。在短暂的生命里学会宽容别人，能使生活中平添许多快乐，使人生更有意义。正因为有了宽容，我们的胸怀才能比天空还宽阔，才能尽容天下难容之事。

在一个偏远的山村，张姓与李姓两家是三代世仇，两户人家一碰面，经常是拳脚相加，大打出手。

有一天傍晚，老张与老李从集市里出来，碰巧在返村的路上遇见了。两个仇人一碰面，倒没有开打，不过，也各自保持距离，互相不答理对方。两人一前一后走在小路上，相距约有几米远。

天色已经相当暗了，是个乌云蔽月的夜晚，走着走着突然老张听见前面的老李"啊呀"一声惊叫，原来是他掉进溪沟里了。老张看见后，连忙赶了过去，心想："无论如何总是条人命，怎么能见死不救呢？"

老张看见老李在溪沟里浮浮沉沉，双手在水面上不断挣扎着。这时，急中生智的老张连忙折下一段柳枝，迅速将枝梢递到老李的手中。

老李被救上岸后，感激地说了一声"谢谢"，然而猛一抬头后才发现，原来救自己的人居然是仇家老张。

老李怀疑地问："你为什么要救我？"

老张说："为了报恩。"

老李一听，更为疑惑："报恩？恩从何来？"

老张说："因为你救了我啊！"

老李丈二金刚摸不着头脑，不解地问："咦？我什么时候救过你啦？"

老张笑着说："刚刚啊！因为今夜在这条路上，只有我们两个人一前一后行走。刚才你遇险时，倘不是你那一声'啊呀'，第二个坠入溪沟里的人肯定是我了。所以，我哪有知恩不报的道理呢？因此，真要说感谢的话，那理当先由我说啊！"

此刻，月亮从乌云里露出脸来，在月光的照射下，地面上映着老张与老李的影子，当年曾互相打斗过的双手，如今却是紧握在一块儿。

　　俗话说："忍一时风平浪静，退一步海阔天空。"在你最需要帮助的时候，说不定出现在你身边的反而是你的敌人，就像故事中老李遇见老张那样。所以，我们不妨主动伸出和解之手，让自己多一个朋友，减少一个敌人。

　　《尚书》中说："一个人有包容的雅量，他的德行就伟大。"一个人只有容人之所不能容，恕人之所不能恕，忘人之所不能忘，才能为人之所不能为，成人之所不能成，达人之所不能达。

第十章
品格，垒筑一生做人的资本

如果把成功比作一棵参天大树的话，那么诚信就是给它输送养料的根脉；如果把成功比作一栋高大的房屋的话，那么诚信就是支撑它屹立不倒的枝柱。人生在世，无论是做官、经商还是为人处世，离开了诚信二字，你的人生将寸步难行。

谦虚：多学学"凹地效应"

田野上的麦穗，在未成熟时它总是高高地昂着头，仿佛世界都被它踩在脚下；而等它饱满成熟的时候，它便会低下沉甸甸的脑袋，它在教我们谦虚。

老舍先生曾经说过："骄傲自满是我们的一座可怕的陷阱，而且，这个陷阱是我们自己亲手挖掘的。"塞万提斯也说："美丽只有同谦虚结合在一起，才配称为美丽。没有谦虚的美丽，不是美丽，顶多只能是好看。"谦虚是一种美德，更是一种难能可贵的品质。谦虚能赢得人们的尊敬，更能得到人们的支持。

最近出现了一个新词，叫做"凹地效应"，是指某个事物因为具有某些特征或优点，从而对某些事物产生一种吸引力，导致这些事物向这个地方聚集。如果你想拥有好人缘，那么就不妨放低身价，让自己成为一片"凹地"。一个人只要具有"凹地"特征，就能聚集人气，自然就会得到别人的资助。

一个心理学教授到疯人院参观，了解疯子的生活状态。一天下来，觉得这些人疯疯癫癫，行事出人意料，可算大开眼界。

想不到准备返回时，发现自己的车胎被人卸掉了。"一定是哪个疯子干的！"教授这样愤愤地想到，动手拿备胎准备装上。

太过分了，卸车胎的人居然将螺丝也都卸掉了，没有螺丝有备胎也上不去啊！

教授一筹莫展，在他着急万分的时候，一个疯子蹦蹦跳跳地过来了，嘴里唱着不知名的欢乐歌曲。他发现了困境中的教授，停下来问发生了什么事。

教授懒得理他，但出于礼貌还是告诉了他。

疯子哈哈大笑说："我有办法！"他从每个轮胎上面卸了一个螺丝，这样就拿到三个螺丝将备胎装了上去。

教授惊奇感激之余，大为好奇："请问你是怎么想到这个办法的？"

疯子嘻嘻哈哈地笑道："我是疯子，可我不是呆子啊！"

不要再嘲笑别人浅薄、无知了，说不定在你笑话他们是疯子的时候，他们还在笑你是呆子呢。

俗话说："满招损，谦受益。"其实，每个人的聪明才智都差不了多少。要想得到别人的支持，做法很简单，就是谦虚待人，诚心待事，弯下自己的腰，这样才能够给人以亲切感，从而取得做人和做事的成功。

藏族有个俗话："谦虚石头凹之上，不漏智者功德水。"狂妄自大的人永远看不到别人的优点和学不到前辈圣贤智者的道德，就像凸起的石头上，放多少水也没有用。所以我们做任何事都要谦虚，不要自大。

一个满怀失望的年轻人千里迢迢来到法华寺，对住持释园说："我一心一意要学丹青，但至今没有找到一个能令我心满意足的老师。"

释园笑笑问："你走南闯北十几年，真没能找到一个自己的老师吗？"年轻人深深叹了口气说："许多人都是徒有虚名啊，我见过他们的画帧，有的画技甚至还不如我呢"。释园听了，淡淡一笑说："老僧虽然不懂丹青，但也颇爱收集一些名家精品。既然施主的画技不比那些名家逊色，就烦请施主为老僧留下一幅墨宝吧。"说着，便吩咐一个小和尚拿了笔墨砚和一沓宣纸。

释园说："老僧最大的嗜好，就是爱品茗饮茶，尤其喜爱那些造型流畅的古朴茶具。施主可否为我画一个茶杯和一个茶壶？"年轻人听了，说："这还不容易？"于是调了一砚浓墨，铺开宣纸，寥寥数笔，就画出一个倾斜的水壶和一个造型典雅的茶杯。那水壶的壶嘴正徐徐吐出一脉茶水来，注入到了那茶杯中去。年轻人问释园："这幅画您满意吗？"

释园微微一笑，摇了摇头。

释园说："你画得确实不错，只是把茶壶和茶杯放错了位置了。应该是茶杯在上，茶壶在下呀。"年轻人听了，笑道："大师为何如此糊涂，哪有茶杯往壶中里注水，茶壶在上茶杯在下的？"

释园听了，又微微一笑说："原来你懂得这个道理啊！你渴望自己的杯子里能注入那些丹青高手的香茗，但你总把自己的杯子放得比那些茶壶还要高，香茗怎么能注入你的杯子里哩？只有把自己放低，才能吸纳别人的智慧和经验。

年轻人思忖良久，终于恍然大悟。

俄国作家契科夫说："人应该谦虚，不要让自己的名字像水塘上的气泡那样一闪就过去了。"一些人在取得了一些成绩之后，便开始自满起来，觉得自己已经高高在上，别人无法企及了。殊不知，飞得越高，摔得越重，一旦真正有问题摆在面前的时候，他已经无所适从了。

毛泽东曾经说过："谦虚使人进步，骄傲使人落后。"不论何时，我们都需要谨记谦虚二字。当然，谦虚并不是通常意义的客套与虚伪，也不是所谓的韬光养晦、深藏不露。当你的知识和经验已经累积到可以独当一面时，你就要毫不犹豫地站出来，迎难而上，绝不能把谦虚作为推卸责任的借口。

诚信：守住品质的第一原则

　　诚信，顾名思义就是诚实，不说谎，言必行、行必果，一言九鼎，一诺千金。儒家的学者认为，立身处世，当以诚信为本。孔子的弟子曾子说："吾日三省吾身：为人谋而不忠乎？与朋友交而不信乎？传不习乎？"意思是："我每天多次反省自身：替人家谋虑是否不够尽心？和朋友交往是否不够真诚守信？老师传授的知识是不是自己还不精通熟练呢？"

　　诚信与成功，两者似乎毫不相干，但事实却正好相反。有很多企业之所以"出师未捷身先死"，恰恰是违背了诚信的原则，因而自酿苦果。所以，在走向成功的道路上，诚信是非常重要的一个力量。

　　古时候，有个年轻人叫李固，他在集市上开了家酒馆，名为"实惠酒家"。开始的时候，东西卖得还真实惠，碗大，酒香，价钱又便宜。所以每天生意兴隆，客人爆满，不到天黑，酒就卖完了。李固看在眼里，乐在心里。慢慢地，为了多赚钱，他就动了歪脑子，把大碗变成小碗，但还是大碗的价钱，并且欺骗客人说在酒里加了名贵的中草药。

　　客人相信李固的话，客人不但没少，反而比以前更多了。李固自然赚了不少钱，尝到甜头后，李固又往酒里加水，而且越加越多，几天后，客人越来越少了。

　　一天，酒店里来了一位白胡子老头，问李固道："你这店里怎么变得这么冷清啊？"李固彷徨不知怎么回答。于是老头说："拿笔来，我告诉你一个秘方。"李固赶紧拿来纸笔，老头只写了两个字：诚信。经过酒店这一番转变，李固也深刻体会到"诚信"两字的分量，于是他马上把酒店改为"只赚一文钱"。从此诚信经营，坚持一碗酒只赚一文钱。慢慢地，客人又火爆如初。

诚信乃立业、立人之本，这是亘古不变的道理。人不讲信用，在社会上就无立足之地，也就什么事情都做不成。诚信也是我国传统的商业道德。早在战国时，对商业活动就有"市价不二，国中无伪"的要求。在商业发达的明清之际，商家无不标榜诚信，也大都"以儒道经商"。晚清巨商胡雪岩曾经说过："江湖上做事，说一句算一句，答应了的事，不能反悔，不然叫人看不起，以后就吃不开了。"

《西京杂记》中说"至诚，则金石为开"，意思是说，只要你诚心实意，即使像金石那样坚硬的东西，也会被感动的。谎言和欺骗虽然能够换来暂时的安逸和收获，但当真相一旦曝光，他的人生将变得暗淡无光。

在东汉时期，有个人叫阎敞，字子张，在郡衙里面担任郡掾的官职。当时的太守叫第五常，两人来往密切，交情深厚。

一天，第五常来到阎敞家中，说道："阎兄，小弟奉命调京城供职，路途遥远，且限日到京，行程匆促，钱物携带很不方便，我想将一百三十万贯钱先寄放在兄长这里，以后再来取，您看行不行？"

阎敞满口答应，说道："这有什么不可以的，我一定代贤弟妥善保管，你什么时候来取都行。"于是，第五常就把一百三十万贯钱送到了阎敞家中，阎敞当面把钱封存好。

第五常起程赴京那天，阎敞十里相送，送了一程又一程。第五常再三劝说留步，两人方依依惜别。临别时，第五常还说："那笔钱阎兄如果需要用，您尽管用就是了。"

第五常到京后不久，京城突然爆发了一场瘟疫。第五常一家不幸染上此症，先后死去，只留下了他的一个小孙子。第五常在临终前抖抖索索地拉着小孙子的手说："你如果能够活下来，我有三十万贯钱寄放在家乡阎敞家中，你可以取来维持生计。"

第五常去世了，他的孙子记住了他的话，知道他在家乡的阎敞爷爷家中寄放了三十万贯钱，但当时年幼，路途又远，无法去取回这笔钱，只能靠他家在京的亲戚朋友周济度日。

十几年过去了，第五常的小孙子长大了，这才返回故里。为了安置家业，他想去找阎敞爷爷取回爷爷存放的钱，但心里总觉得不踏实——这口说无凭，手中没有任何凭据，这么多年过去了，能拿得到这笔钱吗？

一天，阎敞正在书房里读书，忽然家人进来说，有一位青年公子求见。阎敞来到客厅一看，觉得似曾相识，又实在想不起是在什么地方见过，是不是真的见过？那青年拜见了阎敞，说起爷爷第五常，阎敞才知道他原来是五常贤弟的孙子。

阎敞闻听五常贤弟一家的不幸，回想起过去两个人的友情，百感交集，为朋友哀伤。第五常的孙子还没有启齿问钱的事，阎敞就说了："你的生计暂时不用发愁，太守有一百三十万贯钱寄放在我这里，你现在可以拿去用。"

第五常的孙子一听，着实吃了一惊——爷爷说的是三十万，不是一百三十万呀！于是，他将爷爷临终前的话说了一遍，问阎敞爷爷说："您老人家是不是搞错了？没有那么多，只有三十万。"

阎敞忙说："没有错，没有错！这是太守生了病，所以说得模糊，请你不要怀疑！"说着，忙到储藏室将第五常当年寄放的一百三十万贯钱搬了出来，亲手交给了第五常的孙子。

第五常的孙子接过钱来，含泪告辞，此事也被传为一时佳话。

只有诚实守信，才能获取别人的信任，这个道理在《狼来了》的故事中已经被表现得淋漓尽致。一旦你失去了别人的信任，那带来的损失将是巨大的。

戴尔·卡耐基说："一个人只要对别人真诚，在两个月内就能比一个要别人对他真诚的人在两年之内结交的朋友还要多。"成大事的关键是要做到诚信待人，光明坦荡，宽人严己，严守信义。只有这样，你才能给别人留下良好的印象，从而得到更过的朋友。

公元前四世纪，在意大利，有一个名叫皮斯阿司的年轻人触犯了国王。皮斯阿司被判绞刑，在某个法定的日子被处死。皮斯阿司是个孝子，在临死之前，他希望能与远在百里之外的母亲见上最后一面，以表达他对母亲的歉意，因为他不能为母亲养老送终了。

他的这一要求被告知了国王。国王感其诚孝，决定让皮斯阿司回家与母亲相见，但条件是皮斯阿司必须找到一个人来替他坐牢，否则他的这一愿望只能是镜中花、水中月。这是一个看似简单其实近乎不可能实现的条件。有谁肯冒着被杀头的危险替别人坐牢，这岂不是自寻死路。但，茫茫人海，就有人不怕死，而且真的愿意替别人坐牢，他就是皮斯阿司的朋友达蒙。

达蒙住进牢房以后，皮斯阿司回家与母亲诀别。人们都静静地看着事态的发展。日子如水，皮斯阿司一去不回头。眼看刑期在即，皮斯阿司也没有回来的迹象。人们一时间议论纷纷，都说达蒙上了皮斯阿司的当。

行刑日是一个雨天，当达蒙被押赴刑场时，围观的人都在笑他的愚蠢，那真叫愚不可及，兴灾乐祸的大有人在。但，刑车上的达蒙，不但面无惧色，反而有一种慷慨赴死的豪情。

追魂炮被点燃了，绞索也已经挂在达蒙的脖子上。胆小的人吓得紧闭了双眼，他们在内心深处为达蒙深深地惋惜，并痛恨那个出卖朋友的小人皮斯阿司。但，就在这千钧一发之际，在淋漓的风雨中，皮斯阿司飞奔而来，他高喊着：我回来了，我回来了！

　　这是人间最感人的一幕，所有的人齐声高喊起来，刽子手甚至以为自己身在梦中。这个消息宛如长了翅膀，很快便传到了国王的耳中。国王听此言，也以为这是痴人说梦。国王亲自赶到刑场，他要亲眼看一看自己优秀的子民。最终，国王万分喜悦地为皮斯阿司松了绑，并亲口赦免了他的罪刑。

　　这是一个真实的故事，不但感人，而且震撼人的灵魂。千百年来，有关朋友的解释有千种万种。但意大利的史书作者一直固执地以为，有关朋友的解释只有两个字，那就是：诚信。

　　如果把成功比作一棵参天大树的话，那么诚信就是给它输送养料的根脉；如果把成功比作一栋高大的房屋的话，那么诚信就是支撑它屹立不倒的枝柱。人生在世，无论是做官、经商还是为人处世，离开了诚信二字，你的人生将寸步难行。

忠诚：成就梦想的基石

时下，跳槽成为了一种时髦。很多熟人见面时第一句话就是问对方："你最近跳槽了吗？"过去人们常说"铁打的营盘流水的兵"，其实在职场里又何尝不是这种情况。公司老板最苦恼的，莫过于隔三差五地送走老员工，再发布简历招聘新人。于是很多老板不由得大呼："员工的忠诚度已经消亡！"

自古以来，忠诚都是一个很值得研究的命题。忠诚有着强烈的现实意义：如果一个国家的军人不忠诚，那么这个国家就会有危险；如果一个家庭的主人不忠诚，那么这个家庭就很可能破裂；如果一个公司的员工不忠诚，那么这个公司就面临着破产。

忠诚是一种职业精神，坚持自己的忠诚，需要抵抗诱惑的能力，并能经得住考验。当你忠诚于你的企业时，你所得到的不仅仅是企业对你更大的信任，你的所作所为还会使企业感觉到你人格的力量。

有一天，比利孚电子公司的技术部经理邀斯特共进晚餐。在饭桌上，这位经理问斯特："只要你把公司里最新产品的数据资料给我，我会给你很好的回报，怎么样？"

一向温和的斯特一下子就愤怒了："不要再说了！我的公司虽然效益不好，处境艰难，但我决不会出卖我的良心做这种见不得人的事，我不会答应你的任何要求。"

"好，好，好。"这位经理不但没生气，反而颇为欣赏地拍拍斯特的肩膀，"这事儿当我没说过。来，干杯！"

不久，发生了令斯特很难过的事，他所在的公司因经营不善而破产。斯特失业了，一时又很难找到工作，只好在家里等待机会。没过几天，他突然接到比利孚公司总裁的电话，让他去一趟总裁办公室。

斯特百思不得其解，不知"老对手"公司找他什么事。他疑惑地来到比利孚公司，出乎意料的是，比利孚公司总裁热情地接待了他，并且拿出一张非常正规的大红聘书——请斯特去公司做"技术部经理"。

斯特惊呆了，喃喃地问："你为什么这样相信我？"

总裁哈哈一笑说："原来的技术部经理退休了，他向我说起了那件事并特别推荐你。小伙子，你的技术水平是出了名的，你的正直更让我佩服，你是值得我信任的那种人！"

斯特一下子醒悟过来。后来，他凭着自己的技术和管理水平，成为了一流的职业经理人。一个不为诱惑所动、能够经得住考验的人，命运之神不仅不会让他失去机会，相反会让他赢得机会。此外，他还能赢得别人对他的尊重。

在《致加西亚的信》中有这样一段话："一种职业的责任感和对事业高度的忠诚一旦养成，会使你成为一个值得信赖的人，一个可以委以重任的人。"只有所有的员工都对企业忠诚，才能发挥出团队的效能，才能拧成一股绳，劲儿往一处使，推动企业走向成功。

在南方一个有名的小城市，新开了一家大酒店。酒店的档次比较高，服务也不错，可就是那位老板用人太苛刻，有好几位年轻貌美的女服务员，都只干了一个月便被他炒了鱿鱼，也不知道为什么。

慧香是从北方农村来到南方打工的，听说这家酒家招服务员，就鼓足勇气前来应聘。老板对慧香进行了一番口试后，当下便拍板录用了她，月薪为

800元，另外再付夜班费和奖金。这对农村来的慧香说，是一份很不错的工作。

慧香手脚勤快，非常珍惜这份工作。每天她总是提前上班，擦桌子、擦玻璃，最后下班，关好门窗。

一个月很快就要过去了。这一天，慧香在收拾残席时，竟意外地发现椅子底下躺着一张崭新的百元大钞。她的心一阵狂跳，抬头一看，周围没有人注意她，于是弯腰捡起了那张百元大钞。

可是她的这种兴奋瞬间便消失了，她想起了临行前父亲告诉她的那些话："闺女，咱祖祖辈辈都是老实巴交的庄稼人，你出去打工可一定不能给咱祖辈丢脸，咱虽穷，可是人穷不能志短，你可得争口气啊！"

父亲的这些话时常在她耳边回响，虽然人穷，但是不能志短，尽管这百元大钞的确诱人，可慧香毅然把钱交给了老板。没想到老板很坦率地说这是他对她的考验，前几位姑娘就是经不住这种诱惑和考验而被他辞退的。

一个月后，慧香被老板提拔为"大堂领班"，此后她工作更努力了。

"忠诚胜于能力"，这是美国海军陆战队200多年来最重要的作战箴言，也是世界500强企业选人、育人、用人、留人的重要标准。在聪明和忠诚面前，老板的选择永远是后者。因此，作为团队的一员，你一定要尽心尽力，恪尽职守，不做损害企业利益的事。

1889年，27岁的电学天才斯泰因梅茨初到美国，以电器工程师的身份到处寻找工作。可是，没有人愿意雇用他，因为他看起来实在太虚弱了。他的一位朋友回国时曾给他留下了一封信，让他去找一位名叫鲁道夫·依克梅尔的工厂主。他找到了这家工厂。真是幸运，依克梅尔给了他工作。

依克梅尔的工厂生产大型电动机，但生产出的各种电动机都有过热的毛病。依克梅尔虽然也知道毛病来自磁力对电机的铁芯的影响，可是却不知道如何清除它。斯泰因梅茨很乐意解决这个问题。他与爱迪生不同，他并不设计制造模型。他的全部工具只是铅笔和纸，再加上他的智慧。他交叉着双腿，整天坐在靠背椅上。一小时，两小时……不停地翻阅着所有的电磁资料，纸上密密麻麻地写满了各种数据。

两年以后，他终于研究出了依克梅尔所需要的全部数据。1892年元月，在一次电器工程师会议上，他宣读了这些成果的部分材料。他那尖细的嗓音，结结巴巴的英语，人们似乎都没有注意到。大家都被他报告的内容深深地吸引了。

在斯泰因梅茨为依克梅尔工作期间，电器总公司知道了他的天才，就邀请他到"总电"来工作，委以重任，并答应给他一个大实验室。斯泰因梅茨起先听了十分高兴。可是过了一周，他改变了主意，说："十分抱歉，我不能接受这个邀请。"

"为什么？"

总电的官员问。

"依克梅尔先生不想让我离开。"斯泰因梅茨回答说，"即使你们给我十倍于此的薪金，对我来说也等于没有什么变化。而依克梅尔先生在我十分困难的时候，给了我工作。现在他既然还非常需要我，那我就有义务跟他待在一起。"

就在此后不久，总电买下了整个依克梅尔公司，才把斯泰因梅茨派往总电在斯克奈塔第市的一个新工厂。这是得到斯泰因梅茨的惟一办法了

如果你渴望成功，那你一定保持忠诚的美德。所谓："疾风识劲草，烈火知真金，路遥知马力，日久见人心。"只要你将身心彻底融入公司，尽职尽责，处处为公司着想，时间长了，老板肯定会看到你的表现，从而把更重要的事情交给你去做。

忠诚于公司，从某种意义上来说，就是忠诚于自己的事业。忠诚的人无论能力大小，老板都会给予重用。相反，那些学历再高、能力再强的人，只要缺乏忠诚，往往会被拒之门外。

低调：天地之间的高度有三尺

在这样一个推崇个性的年代，每个人都想以最独特、最高调的形象出现在别人面前。然而，这并不意味着我们做事可以大肆张扬，而是要学会低调做人。

很多高调的人，在做某一件事情之前，总是信誓旦旦、吹大法螺："这个领域我熟悉""那项业务我精通"。可是到了最后，"熟悉"成了初窥门径，"精通"成了门外汉，不但事情没有办成，反而遭到大家的奚落。

而那些低调的人，往往在一开始的时候就办事低调，不大张旗鼓。如果事情没有办成，别人也不会说什么，因为在开始的时候他并没有许诺什么；如果事情办成了，别人会夸他沉稳老练、深藏不露。

本杰明·富兰克林是18世纪美国最伟大的科学家和发明家，著名的政治家、哲学家、文学家和美国独立战争的伟大领袖。他参加起草了《独立宣言》和美国宪法，深受美国人民的崇敬。1753年，富兰克林获得了哈佛大学的名誉学位。

一次，富兰克林到一位前辈家拜访。一进门，他的头就狠狠地撞在了门框上，疼得他一边用手揉搓，一边看着不正常标准低矮的门。

出来迎接他的前辈看到他这副样子，笑笑说："很痛吧？可是，这将是你今天来访问我的最大收获。一个人要想平安地活在世上，就必须时时刻刻记住'低头'，这也是我教你的，不要忘记了。"

富兰克林把这次拜访看成最大的收获，牢牢记住了前辈的教导，并把它列入他一生的生活准则之中。

人在30岁以前，学会低头、懂得低头是非常重要的。尤其是在社会竞争激烈的今天，如果你放不下自己的架子，一味恃才傲物，那么总有一天你会独吞苦果。适时低一低头，弯一弯腰，可以卸去多余的包袱，也会赢得别人的信任。

有人问苏格拉底：“您是天下最有学问的人，那么您说天与地之间的高度是多少？”苏格拉底毫不迟疑地说：“三尺！”那人不以为然：“我们每个人都有五尺高，天与地之间只有三尺，那不是要戳破苍穹吗？”苏格拉底笑着说：“所以，凡是高度超过三尺的人，要立于天地之间，就要懂得低头。”

鹰立如睡，虎行似病。雄鹰站立的样子像是要睡着了，老虎在行走的时候懒洋洋的，仿佛生病了一样，实际上这正是它们猎食的高明手段。所以君子要聪明不露，善于藏锋，才有肩鸿任钜的力量。

《老子》说：“大巧若拙，大辩若讷。”意思是最聪明的人，虽然有才华学识，但平时像个呆子，不自作聪明；虽然能言善辩，但好像不会讲话一样。这说明，一个人要学会自我保护，学会装傻。

吉勃是美国一个很有名的矿冶工程师，毕业于耶鲁大学，又在德国的佛莱堡大学拿到了硕士学位。按理说，拿着这些名牌学府的文凭找工作一定会被优先录取。可是，当吉勃带齐了所有的文凭，去见美国西部的大矿主亨利的时候，却遇到了麻烦。

原来，那位大矿主是个脾气古怪又很固执的人，没有什么文凭，所以不相信有文凭的人，更不喜欢那些文质彬彬又专爱讲理论的工程师。

当吉勃前去应聘递上文凭时，满以为老板会乐不可支，没想到亨利很不礼貌地说：“我之所以不想用你，是因为你曾经是德国佛莱堡大学的硕士，你的脑子里装满了一大堆没有用的理论，我可不需要什么文绉绉的工程师。"

聪明的吉勃听了这番话，不仅没有生气，还心平气和地说："假如你答应不告诉我父亲的话，我会告诉你一个秘密。"亨利表示同意。

于是，吉勃对亨利小声说："其实，我在德国的佛莱堡并没有学到什么，那3年就好像是稀里糊涂地混过来一样。"

没想到，亨利听后笑嘻嘻地说："好，很好，明天你就来上班吧。"就这样，吉勃运用了必要时不妨让步的策略，轻易地在一个非常顽固的人面前通过了面试，获得了录用。

在寒风肆虐的冬天，厚厚的大雪压在青松的肩上、身上，想把它压弯、压断。但每当积雪达到一定的程度时，青松便缓缓弯下它的腰，把积雪一点点抖掉。学会在恰当的时候弯腰和低头，能够帮助我们更好地生存。在非常时刻，如果你还放不下身份，不肯低头，那么就会使自己无路可走。

低调做人是一种境界，一种修养，一种风度。有时候，稍微低一下头，或许你的人生之路会走得更精彩。

在纽约一个既脏又乱的候车室里，靠门的座位上坐着一个满脸疲惫的老人，身上的尘土及鞋子上的污泥表明他走了很多的路。列车进站，开始检票了，老人不紧不慢地站起来，准备往检票口走。

忽然，候车室外走来一个胖太太，她提着一只很大的箱子，显然也要赶这班列车，可箱子太重，累得她呼呼直喘。胖太太看到了那个老人，冲他大喊："喂，老头儿，你给我提一下箱子，我一会儿给你小费。"

那个老人想都没想，拎过箱子就和胖太太朝检票口走去。他们刚刚检票上车，火车就开动了。

胖太太抹了一把汗，庆幸地说："还真多亏你，不然我非误车不可。"说着，她掏出一美元递给那个老人，老人微笑地接过。

这时，列车长毕恭毕敬地走来，他丝毫不知道刚才发生了什么事，轻轻地对老人说："洛克菲勒先生，您好。很荣幸您能乘坐本次列车。请问我能为您做点什么吗？"

"谢谢，不麻烦你了，我只是刚刚经历了一次为期三天的徒步旅行，现在我要回纽约总部。"老人客气地回答。

"什么？洛克菲勒？"胖太太不敢相信自己的耳朵，她大叫起来："上帝，我竟让大名鼎鼎的石油大王洛克菲勒先生给我提箱子，还给了他一美元小费，我这是在干什么啊？"她慌忙向洛克菲勒诉说自己的不是，并诚惶诚恐地请洛克菲勒把那一美元小费退给她。

"太太，你不用道歉，你做得很对。"洛克菲勒面带微笑，缓缓地说，"这一美元是我挣的，所以我收下了。"

说完，洛克菲勒把那一美元郑重地放在了口袋里。

法国哲学家罗西法古有句名言："如果你要得到仇人，就表现得比你的朋友优越；如果你要得到朋友，就让你的朋友表现得比你优越。"大张旗鼓搞宣传，还没有做事就已经开始显摆的人，结果往往是雷声大雨点小。而那些低调的人，总是能摆正自己的位置，使自己融入人群，与人和谐相处，从而一步步走向人生的制高点。

美国电影《阿甘正传》也能对我们有所启示。自认弱智的阿甘，从来就习惯把自己放在一个相对低下的位置，所以他有许多可以借助的对象，也因此有很多人帮他。事实证明，再怎么样高大的身躯，站在那里，终究有能打倒他的人，但没有人能把一个躺在地上的人打倒。

责任：大丈夫有所不为，有所必为

责任，从本质上来说，是一种与生俱来的使命，是一个人走向成功必不可少的素养。美国德州大学前校长詹姆斯·克拉克说："责任重于生命，我们的一生也许就是为了完成一个、两个或者更多的任务，履行我们的责任。尽管有些任务不可能完成，但只要尽责，那也是一种荣誉。"

其实，世间万物都有自己的责任，草有绿的责任，树有果的责任，云有雨的责任，太阳有光明的责任，而我们每个人，也都应该担负各自的责任。翻阅历史，那些事业有成的人士，无不具有勇于负责的品质。

华盛顿出生在一个大庄园主家庭，家中有许多果园。果园里长满了果树，但其中夹着一些杂树。这些杂树不结果实，还影响着其他果树的生长。一天，父亲递给华盛顿一把斧头，要他把影响果树生长的杂树砍掉，并再三叮嘱，一定要注意安全，不要砍伤自己的脚，也不要砍伤正在结果的果树。在果园里，华盛顿挥动斧子，不停地砍着。突然，他一不留神，砍倒了一棵樱桃树。他害怕父亲知道了会责怪他，便把砍断的树堆在一块儿，将樱桃树盖了起来。

傍晚，父亲来到果园，看到了地上的樱桃，就猜到是华盛顿不小心把果树砍断了。尽管如此，他却装做不知道的样子，看着华盛顿堆起来的树说："你真能干，一个下午不但砍了这么多树，还把砍断的杂树都堆在了一块儿。"听了父亲的夸奖，华盛顿的脸一下子红了。他惭愧地对父亲说："爸爸，对不起，只怪我粗心，不小心砍倒了一棵樱桃树。我把树堆起来是为了不让您发现我砍断了樱桃树。我欺骗了您，请您责备我吧！"

父亲听了之后，哈哈大笑，高兴地说："好孩子！虽然你砍掉了樱桃树，应该受到批评，但是你勇敢地承认了自己的错误，我原谅你了，我宁可损失掉1000棵樱桃树，也不愿意你说谎，逃避责任！"华盛顿不解地问："承认错误真的那么重要吗？能和1000棵樱桃树相比？"

父亲耐心地说："敢于承认错误是一个人最起码的品德。只有敢于承担责任的人才能在社会上立足，才能取得别人的信任。看到你今天的表现，我就放心了。以后把庄园交给你，你肯定会经营好的。"

华盛顿长大以后，一直以强烈的责任感来约束和激励自己，他领导了美国的独立战争，是美利坚合众国的创立人之一，于1789年当选为美国第一任总统，成为美国人心目中的英雄。

要想成就一番事业，就要像华盛顿那样，树立勇于负责的职业精神。爱默生说："责任感具有至高无上的价值，它是一种伟大的品格，在所有价值中它处于最高的位置。"具有责任感是一个人走向社会的关键品质，也是一个人在社会上立足的重要资本。具有责任感的人，往往会把工作当成学问来研究，把工作当成事业来干，这样，他就没有解决不了的问题。

负责，就意味着在出现错误时，要勇敢承担。不管是圣贤还是常人，每个人都有犯错误的时候。既然人人都会犯错误，那就不要讲"我以为""我觉得"……不停地为自己辩解，而要学会说"我错了"。

约翰和丹尼尔新到一家速递公司，被分为工作搭档，他们工作一直都很认真努力。老板对他们很满意，然而一件事却改变了两个人的命运。一次，约翰和丹尼尔负责把一件大宗邮件送到码头。这个邮件很贵重，是一个古董，老板反复叮嘱他们要小心。到了码头约翰把邮件递给丹尼尔的时候，丹尼尔却没接住，邮包掉在了地上，古董碎了。

老板对他俩进行了严厉的批评。"老板，这不是我的错，是约翰不小心弄坏的。"丹尼尔趁着约翰不注意，偷偷来到老板办公室对老板说。老板平静地说："谢谢你丹尼尔，我知道了。"随后，老板把约翰叫到了办公室。"约翰，到底怎么回事？"约翰就把事情的原委告诉了老板，最后约翰说："这件事情是我们的失职，我愿意承担责任。"

约翰和丹尼尔一直等待处理的结果。老板把约翰和丹尼尔叫到了办公室，对他俩说："其实，古董的主人已经看见了你俩在递接古董时的动作，他跟我说了他看见的事实。还有，我也看到了问题出现后你们两个人的反应。我决定，约翰，留下继续工作，用你赚的钱来偿还客户。丹尼尔，明天你不用来工作了。"

世界上没有不犯错误的人，只有不知道自己犯了错误的人。犯错误并不稀奇，只是有的人知道自己犯了错误，却不知如何去改正，那才是真正的悲哀。巴顿将军为此说过："那些自以为是而不敢承认错误的人，一文不值，遇到这种军官，我会马上掉换他的职务。一个人一旦自以为是，不负责任，就会远离前线作战，这是一种典型的胆小鬼的表现。唯有负责任的人，才会为自己从事的事业心甘情愿地献身！"

2007年10月，一家大型民营企业的销售主管带领一个团队去参加一个国际产品展示会。

在展示会开始之前，有许多准备工作要做，包括展位设计与布置、产品组装、资料整理以及分装等，需要员工加班加点地工作。但去参与布展的人中却有许多跟平时在单位时没什么两样，不愿意多干一秒，下班时间一到，就跑回宾馆或出去玩了。主管给他们安排任务，他们居然说："又没有加班费，我们为什么要加班？"

没想到，这家企业的总经理在开展的前一天晚上亲临现场，查看展场的准备工作。

当总经理到达展场时，已经是凌晨一点了，他看到了令人感动的一幕：销售主管正与一名安装工人大汗淋漓地跪在地板上，仔细地用抹布擦试着装修时掉落在地板上的涂料。总经理拍了拍主管的肩膀，指着那名安装工人问："他是在你的要求下才留下来干活的吗？"

销售主管连忙说明情况，告诉总经理这名工人是自己主动留下来干活的，当他留下来的时候，别人还嘲笑他不如回宾馆美美地睡上一觉。

在听完叙述之后，总经理并未做任何表示，只是喊他的秘书以及其余几名随行人员共同参加工作。

不过，展示会结束之后，一回到公司，总经理便将那天晚上未参与工作的所有工人以及工作人员都给辞退了，同时还提升那名和销售主管一起完成清洁工作的普通员工担任安装分厂的厂长。

那批被辞退的人非常不服气，都去找人力资源总监理论。"我们不就是多睡了几个钟头的觉吗，凭什么开除我们？而他只是多工作了几个钟头而已，凭什么当厂长？"他们所说的"他"就是那个被提拔的员工。

于是，人力资源总监就对他们说："用前途来换取几个钟头的懒觉，是你们的主动行为，没有人逼着你们那么做，能怨谁呢？并且我可以通过这件事推断，你们在日常的工作中也同样偷了许多懒。他尽管只是多工作了几个钟头，可根据我们的考察，一直以来，他都是一个非常积极主动的人，平时他默默地奉献了很多，比你们多干了很多工作，任命他为厂长，是对他以往默默工作的报酬！"

在这个世界上，每个人都在扮演着不同的角色，每个角色又承担着不同的责任。作为家长，我们有责任抚养孩子；作为子女，我们有责任赡养父母；作为老师，我们有责任教育好学生；作为警察，我们有责任保护社会的安定……每一个岗位都有自己的责任。因此，工作就意味着责任，权力也意味着责任。

　　大丈夫有所不为，有所必为，责任传递着一种精神，一种态度，一种使命。小到个人、家庭，大到企业、民族、国家，乃至整个人类社会的生存和发展，都离不开责任的推动。只要我们在自己的工作岗位上尽职尽责，踏实认真，以高度的责任心从小事做起，把小事做好，那么我们一定会干出一番事业，收获灿烂的人生。

奉献：帮助别人就是成就自己

爱默生说；"人生最美丽的补偿之一，就是人们真诚地帮助别人之后，同时也帮助了自己。"人生在世，难免都会遇到困难，此时，如果你向身处困境的人伸出援助之手，给他力所能及的帮助，这样不仅能让别人心生感激之情，还有可能改变你的一生。

一天，一个贫穷的小男孩为了攒够学费正挨家挨户地推销商品，劳累了一整天的他此时感到十分饥饿，但摸遍全身，却只有一角钱。怎么办呢？他决定向下一户人家讨口饭吃。

当一位美丽的年轻女子打开房门的时候，这个小男孩却有点不知所措了，他没有要饭，只祈求给他一口水喝。这位女子看到他很饥饿的样子，就拿了一大杯牛奶给他。男孩慢慢地喝完牛奶，问道："我应该付多少钱？"年轻女子回答道："一分钱也不用付。妈妈教导我们，施以爱心，不图回报。"男孩说："那么，就请接受我由衷的感谢吧！"说完男孩便离开了这户人家。此时，他不仅感到自己浑身是劲儿，而且还看到上帝正朝他点头微笑，那种男子汉的豪气像山洪一样迸发出来。其实，男孩本来是打算退学的。

数年之后，那位年轻女子得了一种罕见的重病，当地的医生对此束手无策。最后，她被转到大城市医治，由专家会诊治疗。当年的那个小男孩如今已是大名鼎鼎的霍华德·凯利医生了，他也参与了医治方案的制定。当看到病例上所写的病人的来历时，一个奇怪的念头霎时间闪过他的脑际。他马上起身直奔病房。

来到病房，凯利医生一眼就认出床上躺着的病人就是那位曾帮助过他的恩人。他回到自己的办公室，决心一定要竭尽所能来治好恩人的病。从那天起，他就特别地关照这个病人。经过艰辛努力，手术成功了。凯利医生要求把医药费通知单送到他那里，在通知单的旁边，他签了字。

当医药费通知单送到这位特殊的病人手中时，她不敢看，因为她确信，治病的费用将会花去她的全部家当。最后，她还是鼓起勇气，翻开了医药费通知单，旁边的那行小字引起了她的注意，她不禁轻声读了出来："医药费已付——一杯牛奶。霍华德·凯利医生。"

在你的心里，一杯牛奶可能不算什么，但对于有的人来说，这杯牛奶可能会挽救他的生命。所以，让我们以至诚的心帮助别人吧！当我们把别人脚下的绊脚石搬开时，或许正好给自己铺平了道路。你帮助了别人，在恰当的时候，别人对你的苦难也不会袖手旁观，他们也一定会对你鼎力相助。

在一场激烈的战斗中，上尉忽然发现一架敌机向阵地俯冲下来。照常理，发现敌机俯冲时要毫不犹豫地卧倒。可上尉并没有立刻卧倒，他发现离他四五米远处有一个小战士还站在那儿。他顾不上多想，一个鱼跃飞身将小战士紧紧地压在了身下。此时一声巨响，飞溅起来的泥土纷纷落在他们的身上。

上尉拍拍身上的尘土，回头一看，顿时惊呆了：刚才自己所在的那个位置被炸成了一个大坑。

印度有一句很有名的谚语："帮助你的兄弟划船过河吧！瞧！你自己不也过河了吗？"予人方便，自己方便。人类区别于动物的一大标志，就是因为有爱心。施比受更有福，全心地付出，无条件地舍弃自己以后，你才会得到比你舍弃的更多的回报。无心的充满善意的举止行为，将会获得不可预想的喜悦。

一名教徒很想知道天堂到底是什么样子。

他问先知伊里亚："地狱在哪里？天堂又在哪里？"

伊里亚没有回答他，而是拉着他的手领着他穿过了一个黑暗的过道，来到一个殿堂，他们跨过了一个铁门，走进了一间挤满了人的大屋，这里有穷人也有富人，有的人衣不蔽体，有的人则佩金戴玉。

在屋子当中，有一个熊熊燃烧着的火堆，上面吊着一个大汤锅，锅里的汤沸腾着，飘散着令人垂涎的香味，汤锅的周围，挤满了面黄肌瘦的人们。他们每个人手里都拿着一个好几尺长的大汤勺。舀汤的一端是个铁碗，勺把是木制的，这些饥饿的人们围着汤锅贪婪地舀着，由于汤勺的柄非常长，一勺汤又非常重，即使是身体强壮的人也不可能把汤喝进自己嘴里，而不得要领的那些人不仅烫了自己的胳膊和脸，还把身边的人也烫伤了，于是，他们相互责骂，进而用汤勺大打出手。

先知伊里亚对那个教徒说："这就是地狱！"

然后，他们离开了这间屋子，从一条昏暗的过道走了好一阵子来到另一间屋子。同前面一样，屋子中间有一个热汤锅，许多人围坐在旁边，手里拿着长柄汤勺，也是木制的柄铁制的碗。除了舀汤声外，只听到静静的满意的喝汤声，锅旁总保持着两个人，一个舀汤给另一个喝。如果舀汤的人累了，另一个就会拿着汤勺来帮忙。

先知伊里亚对教徒说："这就是天堂。"

人生就是如此，互相帮助就是天堂，互相嫉妒就是地狱。当你为别人的需要而付出的时候，你的人生也会因此而得到升华，你将获得比付出更多的回报。

有很多人都在抱怨人际关系复杂，知心朋友难找。造成这种局面最大的原因是，我们平时考虑自己太多，帮助别人太少。一个不注重人际关系维护的人，怎么可能有好人缘呢？

俗语说："投之与桃李，报之与琼瑶。"如果我们能随时对身边落难的人施以援手，往往会得到意想不到的回报；相反，如果我们去做损人利己的事，最后的结果将是害人害己。

很多年前，在一个风雨交加的晚上，一对老年夫妇到一家饭店投宿。服务台一位年轻人热情地接待了他们："很抱歉，由于举办大型会议，我们这几天的房间全满了，而且附近几家饭店都是一样。"

老年夫妇满脸的遗憾，只好转身向外走。这时，青年服务员又拦住了他们："太太、先生，如果你们不嫌弃，可以在我的房间暂睡一晚，因为在这样的夜晚投宿无门是多么糟糕，而我又恰好加班。"

没有别的办法，老年夫妇一边道谢，一边接受了。

第二天早上，老年夫妇再次感谢青年人，并把房钱递给他。青年人拒绝了："不，先生。我只是把自己的房间借给你住，这不属于营业范畴。"准备离开时，老先生对青年人说："好样的，或许有一天，我会为你建一所饭店。"青年人笑了笑，并没有在意。

几年之后，青年人忽然收到了老先生的信，请他到曼哈顿去一趟。青年人在曼哈顿一幢豪华建筑物前又见到了老先生，老先生指着身后的建筑物说："还记得我说过的话吗？这就是我为你修建的饭店。"

不久，这个青年人就真成了这家饭店的总经理，他做梦也没有想到，自己不经意间的一次真诚竟换来了一生的回报。

在美国波士顿一座纪念被屠杀的犹太人的纪念碑上，刻着一个名叫马丁的犹太神父写下的一首悔恨诗："起初他们追杀共产主义者的时候，我不是共产主义者，所以我没有说话；当他们追杀犹太人的时候，我没有说话；当他们追杀公会成员的时候，我依然没有说话。最后他们奔我而来的时候，再也没有人站起来为我说话了。"

　　这就是马丁的悲哀了，他在别人需要帮助的时候见死不救，自己快要死的时候自然没有人来救他。

　　你帮助了别人，别人便欠了你一个人情，他一定要回报的。人生其实是很公平的，你播种什么，就会收获什么，给予什么，就会得到什么。帮助别人就仿佛你在银行里存款一样，存得越久，存得越多，利息才会越多。